大人のフィールド図鑑

原寸で楽しむ

美しい貝

図鑑&採集ガイ

元葉山しおさい博物館館長

池田 等 著

実業之日本社

貝の地表

もくじ

第1章 貝のつくりと生活

第2章 人の暮らしと貝

第3章 貝の図鑑

第4章 貝の収集ガイド

⦿貝の採集は、役にたつ活用をするなどの目的をもっておこないましょう。
⦿ムダな採集はせず、数は必要最低限におさえましょう。

【大人のフィールド図鑑】
原寸で楽しむ　美しい貝
図鑑&採集ガイド

図鑑ページの見方
ヨメガカサガイ科
貝の分類
原寸
マツバガイ
貝の名称
殻には、松葉を連想させる
放射状の模様のある個体、
波模様のある個体、
および両方の模様のある個体があります。
潮間帯の岩礁に付着しています。
解説
分布｜房総半島・男鹿半島以南
生息している地域
生息場所｜潮間帯の岩礁、人工構築物
生息している場所
殻長｜6cm
殻の長さ

第1章 貝のつくりと生活

みなさんは、
貝がどんな生き物だか知っていますか？
貝は何のグループなのか？
どんなところに暮らしているのか？
どんな生活をしているのか？
この章では、そのような貝の生態について
学んでいきます。

貝のグループ

貝類と軟体動物

貝類の学問的な呼び名を軟体動物といいます。そうすると貝類＝軟体動物ということになりますが、軟体動物の中には、ウミウシ類などのように貝殻をもたない種類もいます。ふだんは、巻貝や二枚貝のような貝殻をもつものを貝類と呼ぶことが多いようです。

また、広い意味では、フジツボ類、ウニ類、カニ類なども貝とか殻と呼ばれますが、これらは分類上、貝類ではありません。

軟体動物は、下の図のように溝腹綱、尾腔綱、多板綱、単板綱、腹足綱、掘足綱、二枚貝綱、頭足綱という8グループに分けられています。

軟体動物の種類はとても多く、世界で10万種をこえ、日本だけでも8000種以上が生息しているといわれています。

貝に似た動物

むかし、発生学や解剖学という研究がなかった時代では、見た目の体のつくりで判断していたため、貝に似た動物を貝の仲間だと考えていたことがあります。

ミドリシャミセンガイ
カメホオズキチョウチン

シャミセンガイの仲間、
ホオズキチョウチンの仲間……**腕足動物**

二枚貝のように見えますが、殻から出た肉茎で他のものに付着するなど、体のつくりが二枚貝とは異なります。腕足動物というグループに属します。

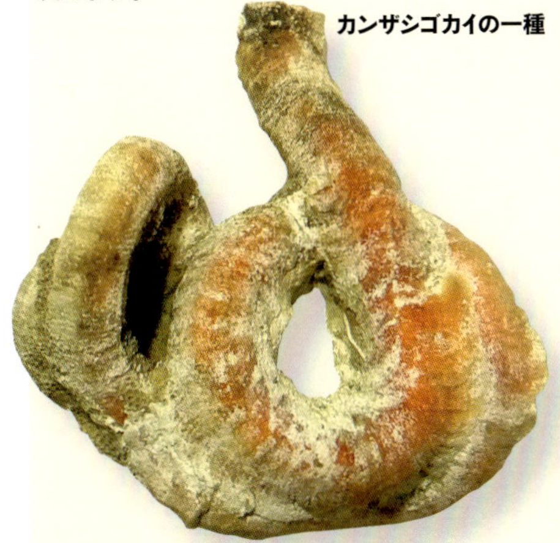
カンザシゴカイの一種

カンザシゴカイの仲間……**環形動物**

殻の形は、巻貝の中のヘビガイ類に似ていますが、環形動物のゴカイの仲間で、殻をつくって自分の巣にしています。

イガグリガイ

イガグリガイウミヒドラ(**イガグリガイ**)……**刺胞動物**

イガグリガイウミヒドラは、はじめにイガグリホンヤドカリが入った小さな巻貝にとりつき、成長すると同時に螺旋に巻いて、貝そっくりな形になります。刺胞動物のヒドロ虫というグループに属し、体はキチン質❖1でできています。

カメノテ

イワフジツボ

カメノテ、フジツボの仲間……**節足動物**

潮間帯❖2の岩礁❖3に付着しています。殻の中には蔓脚という特有の器官があります。貝殻をもちますが、エビやカニに近い節足動物の甲殻類に属します。

❖1 | **キチン質**…カニなどの甲殻類の殻、昆虫の外殻などをつくる物質の一般的な呼び方
❖2 | **潮間帯**…▶152ページ
❖3 | **岩礁**…▶152ページ

貝のつくり

貝殻の各部名称

巻貝 まきがい

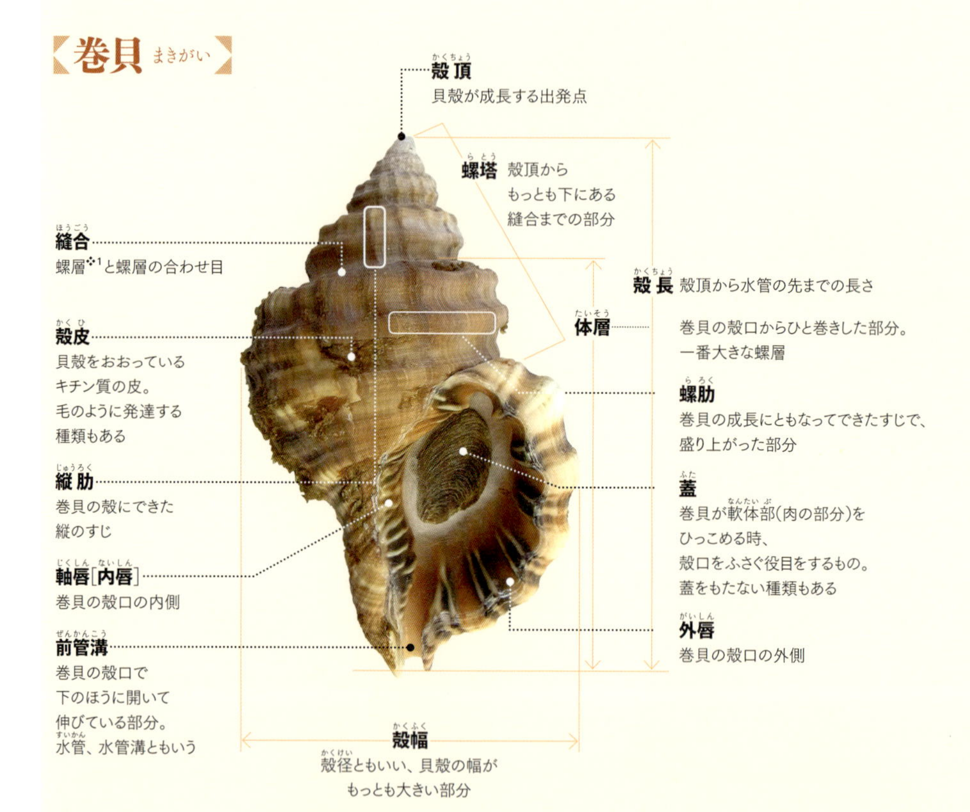

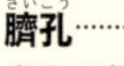
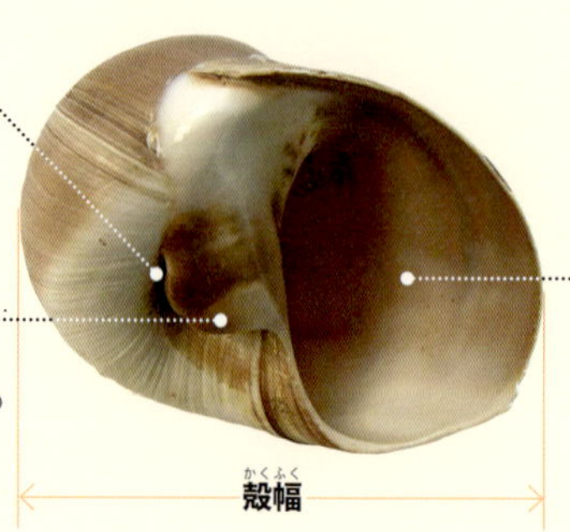

貝の大きさ

世界でもっとも大きい貝は、沖縄以南の西太平洋に生息する二枚貝のオオシャコガイです。殻長136cm、重量210kgに達します。巻貝では、オーストラリア北部海域にすむアラフラオオニシが、最大で殻長77cmあまりになります。アメリカ南東からメキシコ北東にかけて分布するダイオウイトマキボラも、大きいものだと殻長が60cm近くになり、巻貝では2番目に大きな貝です。

世界最長の貝は、フィリピンあたりに分布するエントツガイで、その棲管❖2の部分は150cmに達します。

日本ではホラガイが大きく、殻長45cmくらいに達します。また、小さな貝としては、殻径0.5mm程度のミジンワダチガイが知られています。

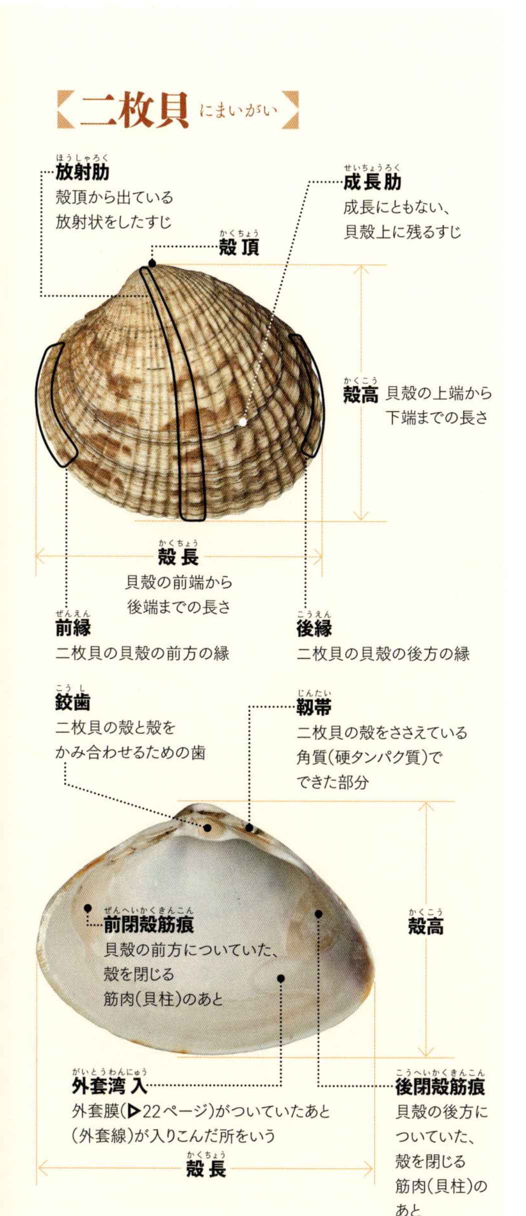

❖1｜螺層…巻貝のひと巻きひと巻きのことをいう
❖2｜棲管…貝やゴカイなどがつくった管のような形のもの

貝の生活

貝の誕生

貝類には、雌雄異体と雌雄同体❖[1]、雄性先熟❖[2]があります。また、受精の方法は、体外受精❖[3]のものもいれば、体内受精❖[4]のものもいます。巻貝のほとんどは体内受精をおこないますが、アワビ類、カサガイ類、サザエ(▶51ページ)などは、卵と精子を海中に放出し体外受精をします。同じように、アサリ(▶108ページ)などの二枚貝も体外受精です。

一般に多くの貝類は、卵からふ化してトロコフォア幼生となり、やがて次の段階としてベリジャー幼生となります。これらは海中をただよって生活(浮遊生活)し、やがて貝殻をもつようになると、それぞれの生息場所に定着します。一部の貝では、殻をもった稚貝が卵から直接出るものもいます。

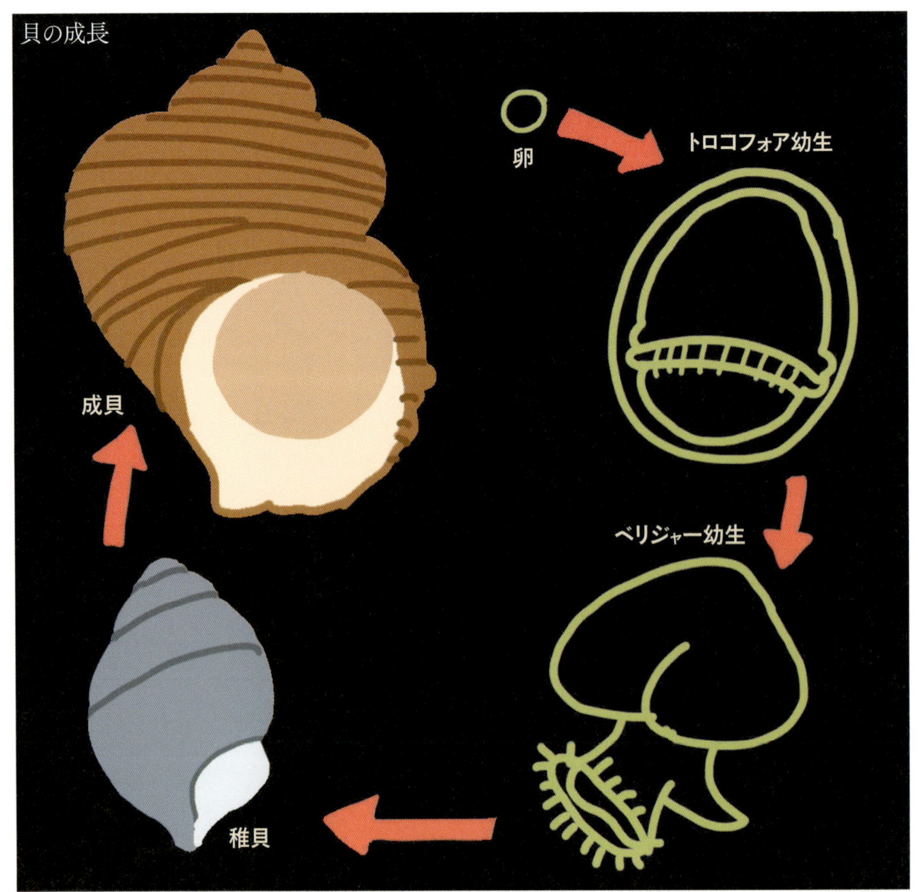

貝の成長

貝の食性

巻貝類は、歯舌という器官を使って、食べ物を口から消化器官に送ります。歯舌はキチン質でできていて、ワサビおろしのような歯がリボン状に並んでいます。

巻貝類の食性は大きく分けて、藻食性、肉食性、雑食性、デトリタス食などがあります。二枚貝の多くは、海中のプランクトンや有機物❖5をこしとったり、海底の泥につもった有機物を吸収します。

藻食性の貝

海藻❖6や海草❖7などを餌とするものがいます。海藻のカジメやアラメなどを食べる巻貝のバテイラ(▶48ページ)、サザエ、アワビなどをはじめとした、石灰藻❖8や褐藻❖9を食べるクマノコガイ(▶48ページ)、クボガイ(▶48ページ)、ウラウズガイ(▶52ページ)などです。ヒザラガイ類の多くも海藻を食べています。

潮間帯上部にすむタマキビ(▶52ページ)やウノアシ(▶44ページ)などは、岩に付着した藍藻・珪藻・緑藻・紅藻・褐藻などを食べています。

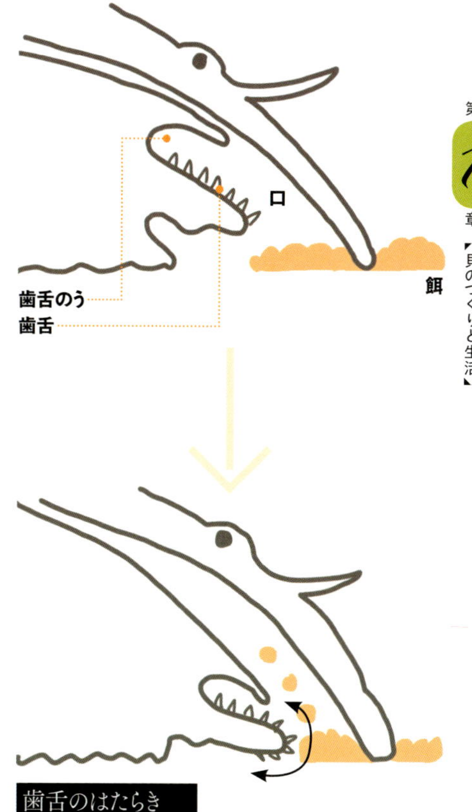

歯舌のはたらき

歯舌を前後に動かして餌をけずりとり、口の中へ運ぶ

❖1｜**雌雄異体と雌雄同体**…ひとつの個体に、雄と雌の両方の生殖器をもっているものを雌雄同体といい、そうでないものを雌雄異体という

❖2｜**雄性先熟**…繁殖にむけて雄から雌に性転換すること

❖3｜**体外受精**…卵と精子が親の体外に放出されて受精する繁殖方法

❖4｜**体内受精**…親の体内から卵が放出されず、雌の体内で受精する繁殖方法

❖5｜**有機物**…炭素を必ず含み、炭素を土台に水素、窒素、酸素などを含んだ化合物。一酸化炭素、二酸化炭素は炭素を含むが無機物

❖6｜**海藻**…海で生育する藻類。藻類は、主に水中・湿地で光合成をおこなう生物

❖7｜**海草**…海で生育する種子植物。「うみくさ」ともいう

❖8｜**石灰藻**…カルシウムを多く含む硬い藻類

❖9｜**褐藻**…褐色をしている藻類でカジメ、アラメ、ワカメなどがある。海藻はこの他に、緑藻、紅藻がある

肉食の貝

肉食性の貝には、生きた動物を食べるものと、死んだ動物を食べるものとがいます。生きた動物を食べるのは、ヒトデを食べるボウシュウボラ(▶60ページ)、ナマコを食べるヤツシロガイ(▶79ページ)などがいます。バイ(▶82ページ)やムシロガイ(▶80ページ)は死肉、クダマキガイ(▶84ページ)の仲間はゴカイ類、ザクロガイの仲間はホヤ類を食べます。またツメタガイの仲間は、歯舌(しぜつ)を使って他の貝の貝殻に穴をあけ、中の肉を食べます。海岸に打ち上がった二枚貝に丸い穴のあるものは、ツメタガイの仲間のしわざです。

イモガイの仲間は、変わった餌のとり方をします。この仲間は「毒銛(どくもり)」という武器をもち、これを放って魚などを捕らえて餌にします。

雑食性の貝

タカラガイ類のように、藻類などの他に海綿(かいめん)❖1、ホヤなど、時には動物の死肉も食べるという幅広い食性をもった貝もいます。

デトリタス食の貝

デトリタスとは、プランクトンや微生物の死がい、またはそれらの排泄物などが海底にたまったもので、いわゆる有機物のことです。海底の泥にたまったデトリタスを取り入れている種類に、ウミニナ(▶99ページ)の仲間やシャクシガイの仲間などがいます。

寄生・共生する貝

他の生き物から栄養をもらって生活する貝もいます。ウニ、ヒトデ、ナマコなどの棘皮(きょくひ)動物の体にとりついたり、体の中に入りこんだりして寄生し、栄養を横どりするのです。アカヒトデの体内にいるアカヒトデヤドリニナやアカウニの殻の表面に付着するダニガイなどがいます。

二枚貝のイタヤガイ(▶88ページ)にはカツラガイという種類が付着し、殻に吻(ふん)[2]をつっこんで栄養を横どりします。また、シャコガイの細胞の中にすむ褐虫藻(かっちゅうそう)は、シャコガイが出した二酸化炭素を利用して光合成をおこないますが、シャコガイはそれによって得られた栄養をもらっています。深海に生息するシロウリガイ(▶134ページ)は、共生している化学合成細菌[3]がつくりだすエネルギーをもらっています。

❖1|**海綿**…海綿動物。世界中の海に生息し、体の形・大きさはさまざま。体の表面に小さな孔(あな)が多数あるのが特徴

❖2|**吻**…口やそのまわりにある突き出た部分

❖3|**化学合成細菌**…エネルギーを酸化などの化学反応によって得ている細菌

貝殻の成長

貝殻は外套膜という器官でつくられます。外套膜は貝類のすべてに見られ、貝殻をつくる他に、内蔵や殻を守る役割があります。

貝類の外套膜は、薄い筋肉膜で内蔵の背側にありますが、貝殻をつくる時は、殻口から出し、外套膜から炭酸カルシウムを分泌してつくります。

外套膜は貝殻の複雑な形、色、模様を同時に形成するという、精巧な機能をもっています。

なお、貝殻はふつう、殻皮、殻質層、殻質下層（真珠層）の3層からできています。

タカラガイの殻の成長

外套膜をかぶったハツユキダカラ（▶55ページ）
大半の貝類は、殻口あたりに外套膜を出すが、
タカラガイ類は殻全体をおおうように外套膜を出す

貝の寿命

貝類の寿命は、例えば、マダカアワビは20年くらい、サザエは7年以上、バイは6〜7年くらい、ムラサキイガイ(▶101ページ)、アサリは2〜3年といわれています。驚くことに、北アメリカ東岸に分布するアイスランドガイは500年も生きるといわれています。

ただし、同じ種類でも産地や環境の違いによって、貝の寿命は変わってきます。

アイスランドガイ

【コラム】

巨大アワビ

ふつう、アワビの殻の大きさというと、手のひら程度の大きさをイメージする人が多いのではないでしょうか。しかし、日本のアワビの中のマダカアワビは、大きく成長する種類で、殻長(かくちょう)30cm近くのものが縄文時代の遺跡から出ています。また、今から40年くらい前までは、殻長25cm程度まで成長した個体が採れていました。

しかし、現在ではこれほどまで大きく成長した個体は、まったく見られなくなりました。マダカアワビの生息する環境が悪くなったことや過剰な採取の結果が、マダカアワビの小型化をまねいたのかもしれません。

大きく成長したマダカアワビ▶

貝の生息場所

貝の生息場所

多くの貝類は海にすんでいますが、野、山、川、湖などにも生息しています。貝類は、地球上の幅広い環境に適応し、どこにでもいる生物といっても過言ではありません。

陸上ではカタツムリやキセルガイなどの陸産貝類、川や湖にはシジミやカラスガイなどの淡水産貝類が生息しています。

海では、岸辺から潮間帯、浅海を通して水深8000m近い深海にまで見られ、砂地、砂泥地、泥地、砂礫地、貝殻質砂地、貝殻質砂礫地、転石地帯、岩礁、サンゴ礁❖1など、それぞれの環境に適応した貝類が生息しています。

砂地の海底には、大多数の巻貝や二枚

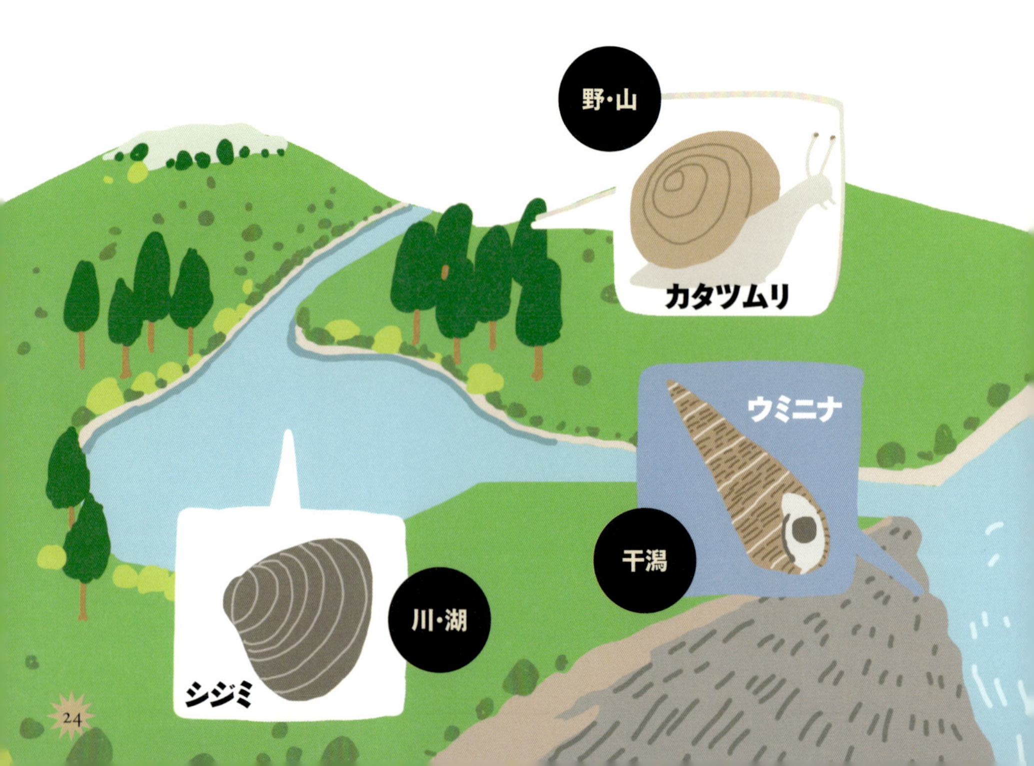

貝、それに多くのツノガイ類が生息し、砂泥地の海底では、ムシロガイ類やクダマキガイ類などが見られ、干潟（ひがた）❖1やマングローブには、ウミニナ類や独特な二枚貝が見られます。

岩礁の潮間帯では、ヒザラガイ類、カサガイ類が付着し、岩の裏や割れ目にはニシキウズガイ類がよく見られます。中には、岩礁や石に穴をあけて暮らすイシマテ類やカモメガイ類のような貝もいます。

サンゴの死がいの間やサンゴ砂（さ）❖2の中にも貝はいます。サンゴの仲間のヤギやトサカには、ウミウサギガイ類がとりついています。

寄生する種類で特徴的なのは、魚類のユメカサゴにとりつくカサゴナカセ、アナジャコの腹部にとりつくマゴコロガイなどがいます。

深海のメタンや硫化水素などがわき出る場所には、シロウリガイのような種類が見られます。

また、通常貝類は幼生期に浮遊生活をしていますが、アサガオガイ類やカメガイ類などは、生涯、海面をただよって暮らしています。

❖1｜**砂地、砂泥地、泥地、砂礫地、貝殻質砂地、貝殻質砂礫地、転石地帯、岩礁、サンゴ礁、干潟**… ▶152ページ
❖2｜**サンゴ砂**… サンゴ礁がくずれて砂状になったもの

【コラム】

右巻き・左巻きの貝

巻貝の巻きはベルヌーイの螺旋(等角螺旋)という構造をしていることが特徴です。その巻きの向きには、右巻きと左巻きとがあります。貝の螺搭を上にして殻口を手前に向け、時計回りに巻いて殻口が右側にくれば右巻き、その反対が左巻きです。右巻きのほうが圧倒的に多く、世界中の巻貝の約9割を占めています。それは北半球、南半球の生息域とは全く関係ありません。残りの約1割が左巻きの貝で、陸産のキセルガイや海産のキリオレガイ類などがあります。カタツムリの仲間は大半が右巻きですが左巻きの種類もあり、このように両方の巻をもつ種類もいます。

種類によって巻きの向きが決まっている貝でも、それらの巻きと反対に巻く、いわゆる逆旋型が出ることがあります。右巻きであるはずの種類に左巻きが出る、また、その反対もあるということです。これらは数が稀なためコレクターのアイテムになっています。

左巻きの例としてよく取り上げられる貝にシャンクガイがあります。インド、ネパール、チベットあたりではヒンズー教などの宗教の儀式や法要に用いられ、極めて珍しい左巻き個体は、特別な神聖貝として崇められています。

▲トウコオロギの
右巻き(写真右)・左巻き(写真左)

第2章 人の暮らしと貝

みなさんは、貝料理が好きですか？
人は大むかしから貝を食べてきました。
でも、それだけではありません。
人は貝殻をさまざまなことに使ってきました。
この章では、人がどのようなことに
貝を使ってきたのかを紹介します。

人の生活に使われる貝

貝の利用

貝類(軟体動物)が地球上に発生したのは、約5〜6億年前(古生代カンブリア紀)といわれています。人の祖先が現れたのは、ずっと後の600〜700万年前くらいといわれ、脳が発達して道具が使えるようになったのはもっと後のことです。それ以来、人は貝を食用だけではなく、さまざまな形で利用してきました。

チョウセンハマグリと碁石▶

碁石

碁石の白石は、チョウセンハマグリ(▶94ページ)の殻からとったものです。碁石をとるには、大きくて厚みのあるチョウセンハマグリの半化石❖を利用しています。碁石の本場、宮崎県の日向灘ではチョウセンハマグリの殻が激減したため、現在はメキシコハマグリの殻を代用しています。

❖**半化石**…時間の経過など化石の条件をみたしていないもの。人類の文明が始まる前の時代を地質時代といい、ふつう、地質時代のものを化石、それから後のものを半化石という

貝貨幣

かつて、中国やアフリカ諸国では、タカラガイを貨幣として用いていました。キイロダカラ(▶56ページ)が利用され、中国殷王朝時代のものが最古の貨幣です。「貝」の漢字は、タカラガイの象形文字に由来することから、財産に関係した漢字に「貝」の字が使われています。

▲キイロダカラを用いた貝貨幣

▼サラサバテイと貝ボタン

貝ボタン

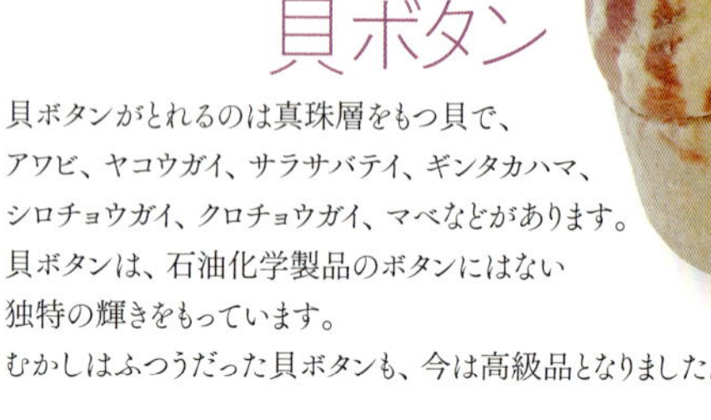

貝ボタンがとれるのは真珠層をもつ貝で、アワビ、ヤコウガイ、サラサバテイ、ギンタカハマ、シロチョウガイ、クロチョウガイ、マベなどがあります。貝ボタンは、石油化学製品のボタンにはない独特の輝きをもっています。むかしはふつうだった貝ボタンも、今は高級品となりました。

カメオ

カメオは、石や貝に彫刻を
ほどこした装飾品のことです。
貝のカメオは、本来、
ジョウオウトウカムリを
原材料としていましたが、
今は、主にマンボウガイや
トウカムリを使っています。
貝のカメオはイタリアの
産業として有名です。

▲貝のカメオ

▼螺鈿のブローチ

螺鈿

螺鈿は、貝の真珠層を板状にとって、
一定の厚さにそろえ、
漆器などにうめこむ手法です。
貝の真珠層が、
光の加減で青や銀に輝きます。
螺鈿には、アワビ、ヤコウガイ、
シロチョウガイ、クロチョウガイ、
アコヤガイ(▶71ページ)、
カワシンジュガイなどを用いています。

▼アカニシ(▶100ページ)で
染めた貝紫(絹糸)

貝紫

アッキガイ科の巻貝の鰓下線(さいかせん)から出る粘液は、
酸化すると紫色に変化します。
これを利用した染め方を「貝紫染め(かいむらさきぞめ)」と呼んでいます。
貝紫の衣装は非常に高価で、高貴な人のみが
着ることを許されたため「帝王紫(ていおうむらさき)」とも呼ばれました。
日本ではイボニシ(▶63ページ)を使って、
海女が手ぬぐいにイニシャルなどを描いたことが
知られています。

真珠

真珠を生産するには、貝の体内に
ピースと呼ばれる外套膜の破片と、
他の二枚貝の貝殻を加工してつくった核を入れます。
その後、海に入れて真珠が形成されるのを待ちます。
真珠の養殖に用いる貝には
アコヤガイ、クロチョウガイ、シロチョウガイ、
マベなどがあります。

▲真珠のネックレス

魔除けやお守りに使われる貝

貝の利用

貝殻は、宗教や呪いにまつわることにも利用されてきました。古代人は、魔除けとして貝の製品を身につけていたことが、埋葬品からわかっています。

11世紀ごろのスペインでは、キリスト教のシンボルとして、人々はヨーロッパホタテガイを身につけていました。インドでは、ヒンズー教の聖貝(せいがい)としてシャンクガイが用いられています。

ホラガイ

ホラガイ(法螺貝)は、英名でトランペット・シェルといわれるように、音を出す楽器に用いられます。日本でも、古くから合図に使ったり、死者の供養として吹き鳴らしたりしたことが知られています。また、そのまま飾っても、魔除けや幸福を呼ぶといわれています。ホラガイは本州の南部以南に分布し、ホラガイが分布しない地域では、ボウシュウボラ(▷60ページ)が代用品として使われています。

スイジガイ

スイジガイは、殻の形から漢字の「水」に見たてられ、「水字貝」と書きます。沖縄あたりでは、火除けや魔除けとして、家の門や玄関につる風習が今も残っています。

貝輪

貝輪は、巻貝、
二枚貝の貝殻をけずってつくられた腕輪です。
日本では縄文時代、弥生時代から古墳時代まで、
その製作が続けられました。貝輪はアクセサリーとしても
使われましたが、呪術的な意味も含まれていました。
縄文時代には、アカガイ(▶102ページ)、
ベンケイガイ(▶87ページ)、アカニシ、オオツタノハなどが
材料となり、弥生時代には、九州や中国地方で
ゴホウラ、イモガイ、オオツタノハなどが
使われました。中でもオオツタノハは、
手に入れにくい貝なので珍重されました。

◀ベンケイガイでつくられた貝輪

ハチジョウダカラ

ハチジョウダカラ(八丈宝)は、
殻長が10cmくらいになる
大型のタカラガイです。
この貝は子安貝(こやすがい)ともいわれ、
安産のお守りとされました。
産婦が出産する時、
この貝を両手ににぎり
母子の無事を祈りました。

アッキガイ

アッキガイ(悪鬼貝▶117ページ)は、
棘(きょく)❖が一面にあります。
その姿から、この貝を玄関につるすことで、
魔除けに使われました。
現在でも、この風習が
引きつがれている地方があります。

❖棘…サザエの殻やウニなどに見られるトゲのこと

遊びに使われた貝

貝の遊具

むかしの人は自然物をうまく利用してきました。もちろん貝においても、その形を生かした遊び道具をつくっています。おもちゃ屋に並ぶ玩具を見なれている現在では、自然物を利用しようという発想は、残念ながら遠のいています。

貝覆い

金箔をぬったハマグリ(▶108ページ)の殻の内面に、
源氏絵や花や鳥などを描いたものを使う
神経衰弱に似た遊びが「貝覆い」です。
平安時代に始まっています。
二つに分けた二枚貝の中から
同じ殻を探し出す遊びで、
同じ殻どうしでないと
かみ合わないことから
生まれました。

キサゴのおはじき

むかしは、おはじき遊びに小石が使われ、
江戸時代にはキサゴ(▶77ページ)、イボキサゴなどの
貝殻も使われました。これらの貝が用いられたのは、
手ざわりがよく、こんもりとした丸みがあるからです。
その後、おはじきはガラスやプラスチックへと
変わっていきました。

ウミホオズキの笛

ウミホオズキを口に入れて、
「グーッ」と鳴らす遊びがありました。
ウミホオズキは、
テングニシ(▶83ページ)という巻貝の卵嚢で、
むかしは土産物屋などでよく売られていました。
しかし、テングニシの減少によって
ウミホオズキの供給が途絶え、
この遊びは姿を消しました。
ちなみにアカニシの卵嚢はナギナタホオズキ、
ナガニシ(▶82ページ)はグンバイホオズキ、
ボウシュウボラはトックリホオズキと
呼ばれています。

ベイゴマ

バイ(▶82ページ)という巻貝をコマの形に切って、
それに粘土や砂をつめて紐でまわしたのが
ベイゴマの元祖です。
ベイゴマは平安時代に始まったとされ、
バイゴマと呼んでいたことが
なまってベイゴマになったのです。

コレクションにされる貝

高価な貝

コレクションに貝をあつかった歴史は古く、古代エジプトなどでもおこなわれていました。また、王侯貴族は、貝、鉱物、岩石といった自然物の収集を欠かしませんでした。18世紀に入ると、貝類収集家は世界の貝を求め、オークションなどで競いました。当然のことながら、珍しい貝や美しい貝は高値を呼び、その代表でもあるタカラガイやイモガイには、さまざまな逸話が残っています。

オキナエビス

ドイツ人の動物学者ヒルゲンドルフは、
神奈川県藤沢市にある江ノ島の土産物屋で
無名の貝を手に入れ、1877年に新種として発表しました。
それを知ったイギリスの大英博物館は、
東京大学に1個100ドルでこの貝の採集を依頼しました。
採集をまかされたのは、
東京大学三崎実験所の青木熊吉氏です。
彼は相模灘でその貝を釣り上げると、
東京大学から報償として40円をもらいました。
その時、「長者になったようだ」と話したことから
「チョウジャガイ(長者貝)」と
呼ぶようになったといいます。
しかし、この貝はすでに、
江戸時代に発刊された「目八譜」という
本の中に、オキナエビス(▶111ページ)の名で
のっていたため、
チョウジャガイは別名となりました。

シンセイダカラ

シンセイダカラ(神聖宝)は、
近年になってフィリピンで採れるようになりましたが、
むかしはほとんど手にすることができない、たいへん高価な貝でした。
あるキリスト教徒が「珍しい貝が手に入ったら、
教会を建てて寄進する」と神に祈りをささげたところ、
その願いどおり、当時世界で数えるほどしか採れなかった
シンセイダカラが採れたのです。
それで、彼は約束どおり教会を寄進したといいます。

ウミノサカエイモ

1877年、ウミノサカエイモの存在は、
世界で十数個しか知られていなかったそうです。
あるフランスの貝類収集家は、
オランダのワスという収集家がもっているウミノサカエイモを除くと、
自分がもっている標本が、世界でただひとつと信じていました。
ある時、ワスのウミノサカエイモがオークションに出品されると、
彼は競売者をなぎたおして標本を入手し、
即座に床で叩きつぶして、
「自分のもつ貝が世界で唯一だ」と叫んだそうです。
近年、ウミノサカエイモはフィリピンで多く採集され、
今や世界のコレクターの標本箱に収まるようになりました。

ブランデーガイ

明治から昭和にかけて、
日本のダイバーがオーストラリアのアラフラ海に、
貝を求めて向かいました。目的は
貝ボタンの材料になるシロチョウガイ、
クロチョウガイ、サラサバテイなどを採るためです。
この海域には、ブランデーガイという
美しい貝も生息していました。
ダイバーたちはこの貝を見つけると、
もって帰りました。白人の貝類収集家が
差し出すブランデー1本と交換するためです。
これがブランデーガイの
和名の由来になっています。

テラマチダカラ

タカラガイはコレクターの人気が高く、
むかし、採れる数が少なかった
ニホンダカラ、オトメダカラ、テラマチダカラは
「日本三名宝」と名づけられました。
アメリカ人が「テラマチダカラと自動車のキャデラックを
交換しないか」ともちかけてきたという逸話も残っています。
現在、テラマチダカラも
フィリピンで少なからず採れるようになりましたが、
日本産の大きなものだと、
今でも高値を呼んでいます。

趣味としての貝採集

潮干狩りと磯遊び

潮干狩りは、砂浜や干潟に生息している貝を、掘り出して採集することです。アサリ(▶108ページ)、ハマグリ、バカガイ(▶106ページ)、シオフキ(▶106ページ)、マテガイ(▶107ページ)などの二枚貝が採れます。中でもマテガイの採り方はおもしろく、マテガイがもぐった細長い穴に塩を入れて、飛び出したところを捕まえます。

また、磯遊びでは、磯物といわれるクボガイ(▶48ページ)の仲間やカサガイの仲間などを採集できますが、アワビなどの共同漁業権❖に含まれる貝類を採ると法律で罰せられます。

ビーチコーミング

ビーチコーミングとは、浜辺に落ちている漂着物を拾い集めて楽しむことです。貝を拾って貝細工にしたり、アクセサリーをつくったりして、アートにすることもビーチコーミングの一環として楽しまれています。

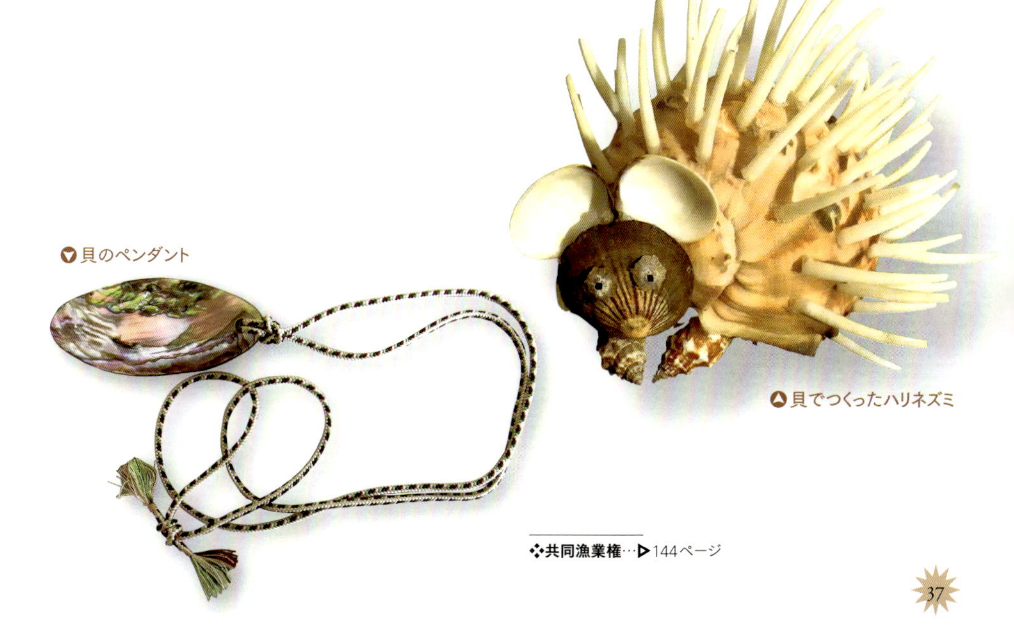

▼貝のペンダント

▲貝でつくったハリネズミ

❖共同漁業権…▶144ページ

食材に使われる貝

市場の貝

市場に出まわる貝で、主な日本産の種類は、アワビ類、サザエ(▶51ページ)、トコブシ(▶47ページ)、バテイラ(▶48ページ)、エゾバイの仲間、アカガイ、トリガイ(▶105ページ)、ミルクイ(▶106ページ)、バカガイ、アサリ、ハマグリ、チョウセンハマグリ、ホタテガイ、マガキ(▶104ページ)、イワガキ(▶72ページ)、タイラギ(▶103ページ)、イガイ、ナミガイ(▶109ページ)、シジミ類などがあります。エゾバイの仲間は、エゾボラやバイ、エチュウバイなど、たくさんの種類があります。また、沖縄あたりでは、ヤコウガイ、チョウセンサザエ、シャコガイの仲間、サラサバテイなどが市場に出ます。

海外からは、アワビの代用として、南アフリカのミダノアワビ、アメリカのアカネアワビ、そして、アワビの仲間ではないアッキガイ科のアワビモドキ(ロコガイ)が南アメリカから輸入されています。また、韓国からは、サザエ、アサリ、シナハマグリ、アカガイなどが入ってきています。

貝塚

今もむかしも、人は貝を食材として利用してきました。貝塚は、古代人が使ったゴミ捨て場のうち、貝殻がつみ重なってできた遺跡のことです。日本の貝塚は、縄文時代から弥生時代のもので、その大量の貝を見ると、古代人が貝を好んで食べていたことがわかります。

貝塚が多く出土している東京湾沿岸では、ハマグリが圧倒的に多く、他にイボキサゴ、マガキ、アサリ、アカニシ、アカガイ、サルボオ(▶102ページ)、バカガイ、ミルクイなどが含まれています。

▶千葉県にある加曽利貝塚。東京湾でも千葉県側では、イボキサゴ(写真上部に多く見られる小さな巻貝。二枚貝はハマグリ)が多く出土している

貝毒

貝毒とは、一般にアサリやカキなどの二枚貝が、有毒な植物プランクトンを摂取して、毒化することをいいます。また、人が毒化した貝を食べておこす食中毒の症状のこともさします。

貝毒は症状によって、麻痺性貝毒、下痢性貝毒、神経性貝毒、記憶喪失性貝毒に分けられます。麻痺性貝毒は、食べてから30分くらいで舌や唇がしびれ、体全体が動かなくなり、最悪、死にいたることもあります。下痢性貝毒は、食べてから30分から数時間後に、下痢、嘔吐、腹痛がおきますが、2〜3日で治ります。

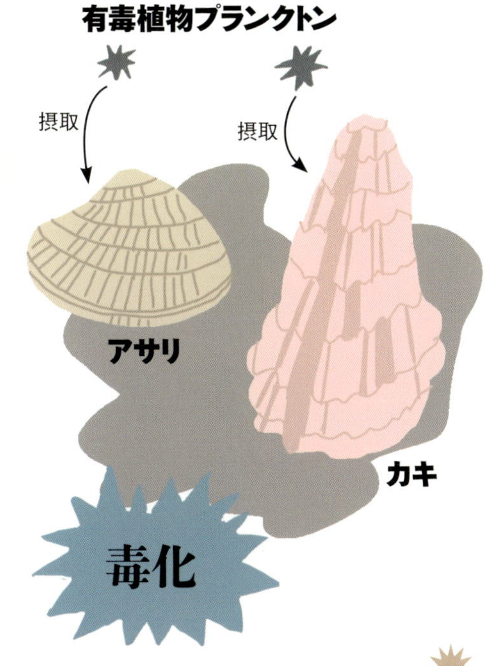

第3章に出てくる
日本の地名
北海道
陸奥湾
日本海
男鹿半島
新潟県
能登半島
山口県
紀伊半島
小笠原

第3章 貝の図鑑

みなさんは、どんな貝を知っていますか?
潮干狩りで見たアサリやシオフキ?
食卓にあがるサザエやムールガイ?
貝の種類は、さまざまなものがあり、
物語に出てくるような美しい貝や、
貝に見えない奇妙なものもいます。
この章では、271種の貝を紹介します。

岩手県
福島県
茨城県
千葉県銚子
房総半島
相模湾
伊豆七島
太平洋

岩礁にすむ貝

岩礁

ひとくちに岩礁[1]といってもさまざまな地形があります。平たんな岩礁、凹凸の激しい岩礁、転石地帯[1]、所々に砂礫地[1]や砂地[1]がある所などです。また、海岸によって波の影響の受け具合も異なります。これらの環境の違いは、貝類だけでなく、あらゆる生物が生息するための大きな条件となっています。そのため同じ岩礁でも、場所が変われば違った種類の貝類が見られるというわけです。

岩礁の岩肌には、くぼみや割れ目が多くありますが、このスペースは、貝類や他の生物が暮らすための場所として役立っています。ここは暑い日ざしや波の衝撃など、生物にとって過酷な条件から身を守るための格好の場です。また、波から身を守るために、岩の表面にいる貝類は吸盤で付着したり、殻ごと固着したり、足糸[2]で付いたり、さらには岩や石に穴をあけてすみかにしたりするなど、さまざまな工夫をしています。ここでは(42ページ〜75ページ)、潮間帯[1]から浅海の岩礁にすむ主な貝類を紹介します。

ケハダヒザラガイ科

原寸

ケハダヒザラガイ

やや潮通し[3]のある
潮間帯の転石の下にいます。
和名にある毛のような棘束[4]が特徴で、
ヒザラガイより小さな殻をしています。

分布｜房総半島以南
生息場所｜潮間帯の転石
殻長｜6cm

クサズリガイ科

ヒザラガイ

ヒザラガイの仲間は、殻板[5]という
八枚の殻をもつことが特徴です。
潮間帯の岩礁や岸壁、
テトラポットなどに付着し、
ごくふつうに見られます。

分布｜北海道南部以南
生息場所｜潮間帯の岩礁、人工構築物
殻長｜7cm

原寸

ツタノハガイ科

ツタノハガイ

殻は比較的海岸に打ち上りますが、
生きている時は、
殻に海藻などが付着しているため、
見つけにくい貝のひとつです。

分布｜房総半島・男鹿半島以南
生息場所｜潮下帯〜深さ5m位の岩礁
殻長｜5cm

❖1｜**岩礁、転石地帯、砂礫地、砂地、潮間帯**…▶152ページ
❖2｜**足糸**…イガイやアコヤガイ(▶71ページ)などの二枚貝が、岩に付着するため体内から分泌する糸状のもの
❖3｜**潮通し**…海の中の潮の流れのこと
❖4｜**棘束**…ヒザラガイ類の棘が集まっている部分
❖5｜**殻板**…ヒザラガイ類の殻のこと。この仲間は殻が8枚ある

ヨメガカサガイ科

原寸

マツバガイ

殻には、松葉を連想させる
放射状の模様のある個体、
波模様のある個体、
および両方の模様のある個体があります。
潮間帯の岩礁に付着しています。

分布｜房総半島・男鹿半島以南
生息場所｜潮間帯の岩礁、人工構築物
殻長｜6cm

原寸

ヨメガカサガイ

殻は、扁平のものから
高さのある個体まであり、
模様の変化も多い種類です。
潮間帯の岩礁や転石、
防波堤などで見られます。

分布｜北海道南部以南
生息場所｜潮間帯の岩礁、人工構築物
殻長｜5cm

ベッコウガサ

殻の表面の彫刻[❖1]や色彩に
変化の多い種類です。
波の影響を受ける潮間帯上部の岩礁や
防波堤、テトラポットなどに付着しています。

分布｜北海道南部以南
生息場所｜潮間帯の岩礁、人工構築物
殻長｜5cm

ユキノカサガイ科

ウノアシ

殻の形が鳥の鵜の足に似ているので、
この名があります。
岩礁に付着し、移動しても
元にいた場所に戻る習性(帰巣性)があります。
潮間帯上部で見られます。

分布｜房総半島・男鹿半島以南
生息場所｜潮間帯の岩礁、人工構築物
殻長｜3cm

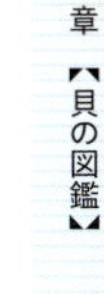

カモガイ

殻には灰色、黒褐色のまだら模様があります。殻頂[2]は高くとがり、20本内外の肋[3]があります。波がよくぶつかる潮間帯上部の岩礁で見られます。

分布｜北海道以南
生息場所｜潮間帯の岩礁、人工構築物
殻長｜3cm

コガモガイ

殻は小型で、暗褐色と白の模様がまだらになっている個体が典型的ですが、違う模様をしたものもあります。潮間帯上部の岩礁や防波堤などに付着しています。

分布｜北海道以南
生息場所｜潮間帯の岩礁、転石、人工構築物
殻長｜1cm

スカシガイ科

オトメガサ

生きている時は、動物体[4]が貝殻をおおうので、一見ウミウシの仲間ように見えます。潮間帯の岩礁の割れ目や石の裏などで見られます。

分布｜北海道以南
生息場所｜潮間帯の岩礁
殻長｜3cm

スカシガイ

殻の上部に縦長の頂孔と呼ばれる孔が透けて見えるので、この名があります。殻の色は、灰色から赤褐色までさまざまあり、殻は海岸で拾うことができます。

分布｜房総半島・新潟以南
生息場所｜潮間帯の岩礁
殻長｜2cm

❖1｜**彫刻**…貝殻に見られる大小のきざみ
❖2｜**殻頂**…▶16ページ
❖3｜**肋**…貝の成長にともなってできる盛り上がった部分。螺肋(らろく、▶16ページ)ともいう
❖4｜**動物体**…軟体部(なんたいぶ、肉の部分)のことで、貝の場合に使われる言葉

スカシガイ科

クズヤガイ

殻の上部のやや前方に
楕円形の頂孔があります。
潮間帯の岩礁では見つけにくいですが、
殻は海岸に打ち上がります。

分布｜房総半島・新潟以南
生息場所｜潮間帯の岩礁
殻長｜2cm

ミミガイ科

クロアワビ

動物体が他のアワビより黒味をおびるので、
この名があります。
岩礁の暗い場所を好み、
カジメなどの海藻を餌にしています。
大きいものは殻長20cmに達します。

分布｜日本海全域・茨城県以南
生息場所｜潮間帯から水深20m位の岩礁
殻長｜15cm

メカイアワビ

クロアワビと比べて、
殻は平たくて
丸みをおびています。
殻にある孔は3～4個で、
内面の真珠光沢に
青みがかかった
美しい個体もあります。

分布｜房総半島・男鹿半島以南
生息場所｜潮間帯から水深30m位の岩礁
殻長｜15cm

トコブシ

クロアワビ、メカイアワビより小型。
殻の孔は7～8個と多く、
老成しても殻長は10cm程度です。
石の裏や岩の割れ目に生息しています。

分布｜北海道南部以南
生息場所｜潮間帯から水深10m位の岩礁
殻長｜6cm

ニシキウズガイ科

クボガイ

殻の表面にはきざまれた肋があり、
色は黒が一般的です。
まれに暗緑色、茶褐色をした個体もあります。
殻の底面の臍部❖1は緑色をしています。

分布｜北海道南部以南
生息場所｜潮間帯の岩礁
殻長｜3cm

クマノコガイ

殻は滑らかでクボガイのように肋はなく、
色は真っ黒です。
臍部は緑色か黄緑色をしています。
潮間帯の転石地帯に多く見られます。

分布｜福島県・能登半島以南
生息場所｜潮間帯の岩礁、転石
殻長｜3cm

コシダカガンガラ

クボガイ、クマノコガイは
臍部が閉じていますが、
本種は丸く深く開いています。
あまり潮通しのよくない、
内湾に近い海域にも生息しています。

分布｜北海道以南
生息場所｜潮間帯〜水深5m位の岩礁、転石
殻長｜3cm

バテイラ

殻は円錐形で、臍部は開いています。
カジメやアラメなどの
海藻が多い所でよく見られます。
所によってシッタカなどと呼ばれ、
食用にされています。

分布｜本州東北以南
生息場所｜潮間帯〜水深10m位の岩礁
殻長｜5cm

イシダタミ

殻の表面のきざみが石畳に似ているので、
この名があります。
殻口[2]に牙のような突起があります。
潮間帯上部の石の下や
岩の割れ目などで見られます。

原寸

分布｜北海道南部以南
生息場所｜潮間帯の岩礁、転石
殻長｜2cm

クビレクロヅケガイ

殻の表面は滑らかで、イシダタミと同様に
殻口に牙のような突起があります。
潮間帯上部の転石の下や、
岩かげなど光のあたらない所で見られます。

分布｜本州東北以南
生息場所｜潮間帯の転石、岩礁
殻長｜1.5cm

ウズイチモンジ

殻は円錐形で
周縁に歯車の形をした突起があり、
色彩は灰緑色に赤褐色の斑紋が
入っています。
潮通しのよい潮間帯下部から
やや深場の岩礁で見られます。

分布｜房総半島・能登半島以南
生息場所｜潮間帯～水深10m位の岩礁
殻長｜3cm

エビスガイ

殻の形は円錐形で、
色彩は黄褐色を地に黒褐色の斑紋[3]が
あるものと、ないものとがあります。
潮通しのよい潮間帯下部から
やや深場の岩礁で見られます。

分布｜北海道南部以南
生息場所｜潮間帯～水深10m位の岩礁
殻長｜2cm

❖1｜**臍部**…巻貝の臍孔(さいこう)や臍盤(さいばん)のある部分
❖2｜**殻口**…▶16ページ
❖3｜**斑紋**…まだらの模様

ニシキウズガイ科

チグサガイ

殻は細長い円錐形で、
色彩は赤褐色や黄褐色など、
さまざまな色が混ざっていて変化に富みます。
海藻類の多い岩礁に生息し、
殻は海岸に打ち上がります。

分布｜北海道南部以南
生息場所｜潮間帯〜水深10m位の岩礁
殻長｜1.5cm

アシヤガイ

塔❖[1]が低く殻口が広い形状で、
殻の表面には
ざらざらした多くの顆粒❖[2]があります。
潮間帯の石の下に生息し、
殻は海岸で拾うことができます。

分布｜本州東北以南
生息場所｜潮間帯〜水深5m位の岩礁
殻長｜1cm

サザエ科

ヒラサザエ

殻は低い円錐形で黄褐色をし、
周縁には歯車状の突起があります。
蓋は一方がとがった四角形。
イセエビなどを捕る
底刺網[4]などにかかってきます。

分布｜本州東北以南
生息場所｜水深20〜50m位の岩礁
殻長｜10cm

原寸

コシダカサザエ

サザエに似ていますが小型で棘はなく、
蓋にも渦巻き状の溝はありません。
サザエ類は蓋の違いでも分類できます。
潮が引いた磯でふつうに見られます。

分布｜房総半島・山口県以南
生息場所｜潮間帯〜水深5m位の岩礁
殻長｜3cm

サザエ

殻には棘のあるものと
ないものとがあり、
変化に富みます。
蓋[3]は石灰質で
渦巻き状の溝があります。
海藻を餌にしているので、
海藻の多い岩礁に
生息します。

分布｜北海道南部以南
生息場所｜潮間帯〜水深50m位の岩礁
殻長｜10cm

原寸

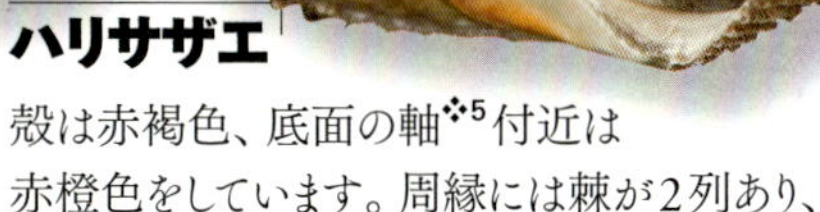

ハリサザエ

殻は赤褐色、底面の軸[5]付近は
赤橙色をしています。周縁には棘が2列あり、
蓋は白色で光沢があります。
イセエビなどを捕る魚網に絡んできます。

分布｜房総半島・能登半島以南
生息場所｜水深20〜100m位の岩礁
殻長｜5cm

❖1｜塔…螺塔(らとう、 ▶16ページ)のこと。「塔が高い・低い」という場合がある
❖2｜顆粒…貝殻にあるつぶ
❖3｜蓋…▶16ページ
❖4｜底刺網…海底にすむ魚介類を捕るための網
❖5｜軸…殻軸(かくじく)ともいい、殻頂(かくこう)から水管(すいかん)までの貝殻の中心にあたる部分

アマオブネ科

アマオブネ

殻は塔が低く丸みがあります。
殻の色は、体層❖1で
白地に黒い斑紋が混ざり、
殻口では
白色か黄色をしています。
蓋は半月形で
小さな顆粒があります。

分布｜房総半島・山口県以南
生息場所｜潮間帯の岩礁、転石
殻長｜2cm

アマガイ

殻は半球形、比較的滑らかで、
黒色に暗黄色の模様があります。
蓋は半月形で小さな顆粒があります。
潮間帯上部の岩礁や
転石地帯に生息しています。

分布｜房総半島以南
生息場所｜潮間帯の岩礁
殻長｜1.5cm

原寸

スガイ

殻は平らで滑らかなものと、
大小の顆粒のあるものとがあります。
色彩は黄褐色から灰緑色まであります。
潮間帯上部の岩礁に多く、
内湾に近い海域にも見られます。

分布｜北海道南部以南
生息場所｜潮間帯の岩礁、転石
殻長｜2.5cm

ウラウズガイ

殻は円錐形で、
周縁には歯車状の突起があります。
色彩は白色で、底面の軸周辺および
蓋の周縁は赤紫色をしています。
比較的潮通しのよい岩礁に生息しています。

分布｜房総半島・男鹿半島以南
生息場所｜潮間帯～水深10m位の岩礁
殻長｜3cm

タマキビ科

タマキビ

殻はソロバン玉形で、
4～5本のすじ(螺肋)があり、
色彩は褐色、黒褐色、白い帯が
あるなど変化に富みます。岩礁の
潮間帯上部から飛沫帯❖2に見られます。

分布｜北海道以南
生息場所｜潮間帯、飛沫帯の岩礁
殻長｜1cm

原寸

アラレタマキビ

殻は灰白色で、
螺肋にそって小さな顆粒があります。
大型になると塔が高くなります。
飛沫帯の岩礁に生息し、
タマキビより上部に見られます。

分布｜北海道南部以南
生息場所｜潮間帯の岩礁
殻長｜0.8cm

サザエ科

コベルトカニモリ

殻は細長く、
ごつごつした螺肋や縦張肋❖3があります。
色彩は茶褐色、灰褐色など。
潮間帯上部の岩礁で見られますが、
近年、関東地方では数が減っています。

分布｜房総半島・男鹿半島以南
生息場所｜潮間帯の岩礁
殻長｜2.5cm

原寸

オニノツノガイ科

ソデボラ科

マガキガイ

一見イモガイの仲間のように見えますが、
外唇❖4の幅のある切れ込みや、
蓋にあるギザギザなどの違いから
ソデボラ科に属しています。

分布｜房総半島以南
生息場所｜潮間帯の岩礁
殻長｜6cm

スズメガイ科

スズメガイ

殻は笠形で、
黄褐色の毛のような殻皮❖5があります。
藻類の多い潮間帯下部の岩礁に
付着し、見つけにくいですが、
殻は海岸で拾うことができます。

分布｜房総半島以南
生息場所｜潮間帯の岩礁
殻長｜2cm

原寸

キクスズメ

殻は笠形で、放射状の
太い肋があります。主に巻貝の殻上に
付着し、排泄物を餌としています。
特にサザエやアワビなどの殻上で
見ることが多いです。

分布｜北海道南部以南
生息場所｜潮間帯の岩礁
殻長｜2cm

❖1｜体層…▶16ページ
❖2｜飛沫帯…▶152ページ
❖3｜縦張肋…巻貝の各螺層(らそう)にある縦の盛り上がった太いすじ
❖4｜外唇…▶16ページ
❖5｜殻皮…▶16ページ

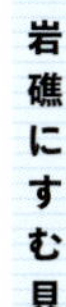

カリバガサガイ科

アワブネ

殻は内側から見るとスリッパ形で、殻の表面は
肋にそってギザギザの突起があります。
潮間帯下部の岩礁や
アワビなどの巻貝の殻に付着しています。

分布｜房総半島以南
生息場所｜潮間帯の岩礁
殻長｜2cm

シマメノウフネガイ

殻は茶褐色でスリッパ形。
内面に白色の隔板[1]があります。
もとはアメリカ西海岸に分布する種類ですが、
1968年に東京湾口で
初めて見つかった外来種です。

分布｜本州太平洋岸、アメリカ西海岸
生息場所｜潮間帯の岩礁、人工構築物
殻長｜4cm

オオヘビガイ

殻はヘビのとぐろのように巻き、
形は変化に富みます。石や岩などに固着し、
水中に糸状の粘液を出して、
これに絡んだ小動物を餌にしています。

分布｜北海道南部以南
生息場所｜潮間帯～水深20m位の岩礁、転石
殻長｜5cm

ムカデガイ科

タカラガイ科

メダカラガイ

殻の背面[2]中央に丸い模様のある個体があり、
目のように見えるので、この名があります。
磯にある石の裏や岩のくぼみで見られ、
殻は海岸によく打ち上ります。

分布｜本州東北以南
生息場所｜潮間帯～水深80m位の岩礁、転石
殻長｜1.8cm

オミナエシダカラ

殻は全体に褐色で背面は灰白色。
白色の斑点❖3が入り、
その上は雲状に乳白色でおおわれます。
殻は海岸に打ち上がります。
別名チチカケナシジダカラ。

分布｜房総半島・山口県以南
生息場所｜潮間帯〜水深30mの岩礁
殻長｜3.5cm

クチグロキヌタ

殻の背面は暗褐色で黄色い帯があり、
腹面は黒褐色をしています。
老成した個体では背面両脇に
青白色で雲状の色彩が入ります。
殻は海岸で拾えます。

分布｜房総半島・山口県以南
生息場所｜潮下帯〜水深100m位の岩礁、砂礫地、泥地
殻長｜4cm

ハツユキダカラ

殻の背面は黄褐色から緑褐色まであり、
全体に白色の斑点があります。
腹面❖4は乳白色で、
歯列❖5は強くきざまれています。
殻は海岸に打ち上がります。

分布｜房総半島・山口県以南
生息場所｜潮間帯〜水深150mの岩礁、泥礫地
殻長｜4cm

ハナマルユキ

殻の背面には白い斑紋があり、
周縁はこげ茶色で色どられています。
生きた個体は磯の潮だまりや
岩の割れ目で見つかります。
殻は海岸で拾えます。

分布｜房総半島・山形県以南
生息場所｜潮間帯の岩礁
殻長｜3cm

❖1｜**隔板**…カリバガサガイ科などの貝殻の内部にあり、軟体部(なんたいぶ、肉の部分)を固定するためのもの
❖2｜**背面**…タカラガイなどの貝殻の表側をさす
❖3｜**斑点**…まばらに散らばった点
❖4｜**腹面**…タカラガイなどの貝殻の裏側(肉が出るほう)をさす
❖5｜**歯列**…タカラガイの殻口にある歯の並びのこと

サバダカラ

殻の背面には褐色の細かい斑点があり、
中央にはさまざまな形をした
褐色の斑紋があります。
また前端[❖1]、後端[❖2]の両脇にははっきりとした
黒褐色の斑紋があります。

分布｜房総半島以南
生息場所｜潮間帯～水深20m位の岩礁
殻長｜1cm

原寸

原寸

ナシジダカラ

殻の背面は黄褐色で
大小の白い斑点があります。
また前端と後端には褐色の紋があります。
生息する深さの幅は広く、
殻は海岸に打ち上がります。

分布｜房総半島・山口県以南
生息場所｜潮間帯～水深200mの岩礁
殻長｜2cm

原寸

チャイロキヌタ

殻の背面は全体に茶色で
3本の帯があり、
腹面は白色をしています。
生きた個体は磯の岩礁の
くぼみなどで見られ、
殻は海岸に打ち上がります。

分布｜房総半島・男鹿半島以南
生息場所｜潮間帯～水深20m位の岩礁、転石
殻長｜1.5cm

原寸

クロダカラ

殻の背面は灰青色で茶褐色の斑点があり、
白色や黒褐色の帯がある個体もあります。
腹面は平らで、側面[❖3]には黒褐色の斑点が
あります。別名カスミダカラ。

分布｜房総半島以南
生息場所｜潮間帯～水深20m位の岩礁
殻長｜1.5cm

原寸

ウキダカラ

殻の背面に
白と黒の縞模様がはっきりとあり、
他の種類との区別が簡単です。
タカラガイ類は成長とともに
殻の模様が変わりますが、
本種は変化しません。

分布｜房総半島以南
生息場所｜潮間帯～水深20m位の岩礁
殻長｜1.5cm

キイロダカラ

和名のように殻の背面は黄色で、
腹面は白色をしています。
生きた個体は磯の潮だまりなどで見られます。
殻は海岸に打ち上がります。

分布｜房総半島・山口県以南
生息場所｜潮間帯の岩礁
殻長｜2cm

原寸

❖1｜**前端**…タカラガイなどの貝殻で、螺塔(らとう)があるほうと反対側の先端部をいう
❖2｜**後端**…タカラガイなどの貝殻で、螺塔のあるほうの先端部をいう
❖3｜**側面**…タカラガイなどの貝殻で、背面から見た殻の両側をいう

ヤクシマダカラ

殻の背面は灰褐色で、こげ茶色の
縞模様や網目模様が入っています。
殻の側面には黒褐色の斑点があり、
大きな個体では殻長が8cm近くになります。

分布｜房総半島以南
生息場所｜潮間帯〜水深20m位の岩礁
殻長｜5cm

ホシキヌタ

殻は大きいもので7〜8cmになります。
殻の背面は茶褐色で、
多くの斑点があります。
殻は海岸に打ち上がり、
すり減ると紫色の色合いが出ます。

分布｜房総半島以南
生息場所｜潮間帯〜水深50m位の岩礁
殻長｜5cm

ナツメモドキ

殻の背面は灰褐色、
中央に茶褐色の斑紋があり、
茶褐色の細かい斑点が一面にあります。
生きた個体は潮間帯上部の岩礁で見られ、
殻は海岸で拾えます。

分布｜房総半島以南
生息場所｜潮間帯の岩礁
殻長｜3cm

コモンダカラ

殻の側面から腹面にかけて
褐色の斑紋がある個体と、
ないものとがあります。
老成すると殻は厚くなり、
側面がが張り出します。
殻は海岸に打ち上がります。

分布｜房総半島・山口県以南
生息場所｜潮間帯〜水深10m位の岩礁
殻長｜3.5cm

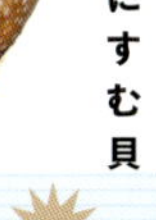

サメダカラ

原寸

殻の背面は
シボリダカラに
似た色をしていますが、
白い斑点は粒状で、腹面の歯が
殻の側面まで達するところで区別されます。
殻は海岸に打ち上がります。

分布｜房総半島・山口県以南
生息場所｜潮間帯〜水深30m位の岩礁
殻長｜2cm

原寸

シボリダカラ

新鮮な殻は
青みのある紫褐色で
白い斑点があります。
この青みは時間がたつと消えます。
腹面にある黄褐色をした歯が特徴です。
殻は海岸に打ち上がります。

分布｜房総半島・山口県以南
生息場所｜潮間帯〜水深30m位の岩礁
殻長｜2.5cm

原寸

カモンダカラ

殻の背面は赤褐色で
多くの白い斑点があり、
腹面は黄褐色をしています。
海岸に打ち上がりますが、
殻のすり減った個体が多く、
新鮮なものは少ないです。

分布｜房総半島・能登半島以南
生息場所｜潮間帯〜水深20m位の岩礁
殻長｜2cm

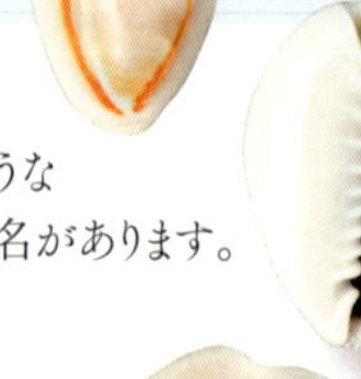

原寸

ハナビラダカラ

殻の背面に花びらのような
模様が入るので、この名があります。
生きた個体は
潮間帯上部の岩礁で
よく見られ、
殻は海岸に打ち上がります。

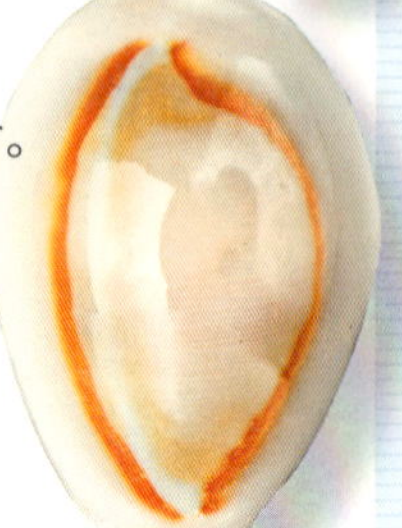

分布｜房総半島・山口県以南
生息場所｜潮間帯の岩礁
殻長｜2cm

ウミウサギ科

原寸

ツグチガイ

本種は刺胞動物のイソバナなどにとりつき、
その生物の色に殻の色を合わせます。
主にオレンジ色、黄色、紅色があります。
殻は海岸に打ち上がります。

分布｜北海道南部以南
生息場所｜潮間帯〜水深50m位の岩礁
殻長｜1cm

原寸

テンロクケボリ

斑紋が六つあるので、
この名が付いていますが、
まったく紋のない個体もあります。
刺胞動物の
トゲトサカ類にとりつき、
まれに殻が海岸に打ち上がります。

分布｜房総半島以南
生息場所｜潮間帯〜水深50m位の岩礁
殻長｜1cm

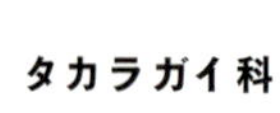

原寸

ヒガイ

殻は卵形で、両端は
突起が出たような形。
色彩は肌色とピンク色が
合わさったような
色をしています。
ダイビングで見ることもあります。
魚網で捕れます。

分布｜房総半島以南
生息場所｜水深10～100m位の
岩礁、砂泥地
殻長｜7cm

フジツガイ科

原寸

コシダカフジツ

殻は厚く体層はよくふくれ、
水管❖は細くやや長め。
殻皮は薄く殻全体にあり、
肋上ではまばらな毛状となります。
エビ網などの魚網にかかってきます。

分布｜房総半島・山口県以南
生息場所｜水深10～50m位の岩礁
殻長｜8cm

ベニキヌヅツミ

殻は細長く、色は
赤紫色からオレンジ色まであります。
殻の中央には黄白色の帯が
ある個体とない個体とがあります。
サンゴの仲間のヤギ類にとりつきます。

分布｜房総半島以南
生息場所｜水深5～50m位の岩礁
殻長｜4cm

原寸

❖**水管**…前管溝（ぜんかんこう、▶16ページ）のこと

フジツガイ科

ボウシュウボラ

殻は大型で黄褐色の地に
こげ茶色の模様があります。
生息する深さによって
殻の色が異なります。
ヒトデやナマコを捕食し、
まれに磯で見ることがあります。

分布｜房総半島・山口県以南
生息場所｜潮間帯〜水深200m位の岩礁
殻長｜20cm

原寸

カコボラ

殻は厚く殻皮をかむり、
動物体は
蛇の目模様をしています。
海岸で拾える個体の大半は
殻皮がとれています。
広く世界中に分布しています。

分布｜房総半島・山口県以南
生息場所｜潮間帯〜水深100m位の岩礁
殻長｜10cm

ナガスズカケ

殻は黄褐色で、布目状の彫刻があります。
殻口は白色、殻皮があります。
通常はやや深場の岩礁に生息していますが、
まれに磯で見つかることもあります。

分布｜房総半島・山口県以南
生息場所｜潮間帯〜水深150m位の岩礁
殻長｜5cm

ククリボラ

殻は茶褐色で3〜5本の螺肋があります。
殻口は白色、殻皮をかむります。
海岸に打ち上がりますが、
エビ網などにかかった個体を見ることも多いです。

分布｜房総半島・山口県以南
生息場所｜水深10〜100m位の岩礁
殻長｜5cm

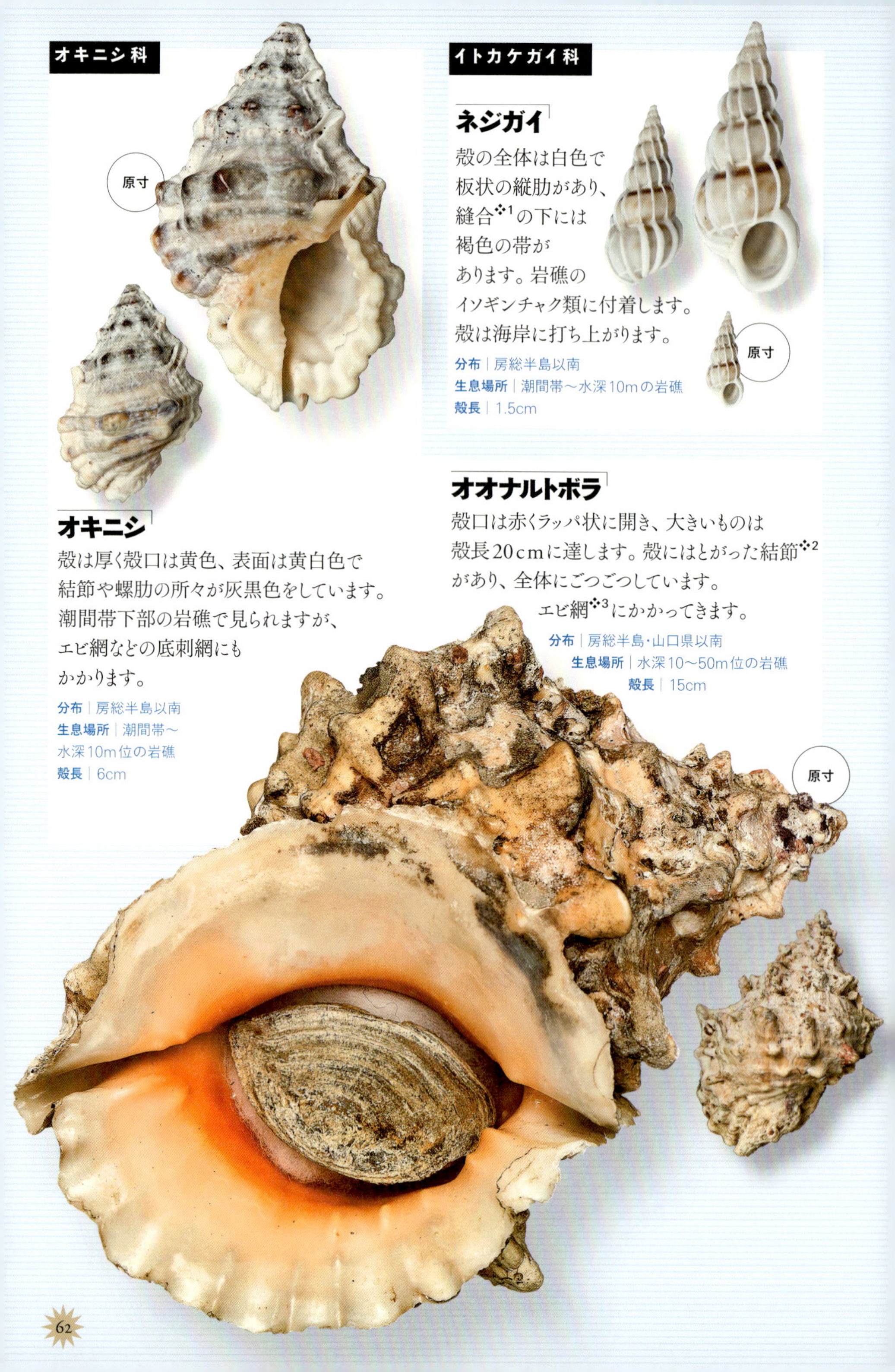

オキニシ科

オキニシ

殻は厚く殻口は黄色、表面は黄白色で結節や螺肋の所々が灰黒色をしています。潮間帯下部の岩礁で見られますが、エビ網などの底刺網にもかかります。

分布｜房総半島以南
生息場所｜潮間帯〜水深10m位の岩礁
殻長｜6cm

原寸

イトカケガイ科

ネジガイ

殻の全体は白色で板状の縦肋があり、縫合[1]の下には褐色の帯があります。岩礁のイソギンチャク類に付着します。殻は海岸に打ち上がります。

分布｜房総半島以南
生息場所｜潮間帯〜水深10mの岩礁
殻長｜1.5cm

原寸

オオナルトボラ

殻口は赤くラッパ状に開き、大きいものは殻長20cmに達します。殻にはとがった結節[2]があり、全体にごつごつしています。エビ網[3]にかかってきます。

分布｜房総半島・山口県以南
生息場所｜水深10〜50m位の岩礁
殻長｜15cm

原寸

イソバショウ

殻は黄褐色、
3方向にヒレ状の縦張肋があり、
殻口には牙状の突起があります。
やや深場の岩礁に生息しますが、
潮間帯の岩礁で見ることもあります。

分布｜房総半島以南
生息場所｜潮間帯〜水深50m位の岩礁
殻長｜4cm

原寸

レイシ

殻は全体に薄い褐色で、
細かい螺肋があり、
いぼ状の結節があります。
殻口は薄い橙色。
イボニシより大型になります。
磯でふつうに見られます。

分布｜北海道南部以南
生息場所｜潮間帯〜水深10mの岩礁
殻長｜4cm

イボニシ

和名のように、いぼ状をした結節があり、
殻全体は黒く見えます。
殻口の内部は黄白色、
部分的に黒色で染められています。
磯でふつうに見られます。

分布｜北海道南部以南
生息場所｜潮間帯の岩礁
殻長｜3cm

❖1｜**縫合**…▶16ページ
❖2｜**結節**…貝の螺層(らそう)にある隆起した部分
❖3｜**エビ網**…イセエビを捕るための底刺網(そこさしあみ)のこと

オニサザエ

殻は薄い褐色で、
多くの棘があり、
殻口には牙状の
突起があります。
棘の長い個体と短い個体とがあり、
老成すると短くなる傾向があります。

分布｜房総半島・能登半島以南
生息場所｜潮間帯〜水深30m位の岩礁
殻長｜10cm

シロレイシ

殻は全体に白く、特に殻口内は乳白色で、
結節はややとがります。
まれに潮下帯❖の磯で見ることもあります。
エビ網などにかかってきます。

分布｜房総半島以南
生息場所｜水深5〜20mの岩礁
殻長｜4cm

原寸

アッキガイ 科

ヒメヨウラク

殻は白色で、ところどころに
褐色のかすり模様があります。
肉食性で死んだ魚などに群がり、
この様子を磯で見ることがあります。

分布｜北海道南部以南
生息場所｜潮間帯〜水深30mの岩礁
殻長｜2cm

タモトガイ科

マツムシ

原寸

殻は小型で
白地に茶褐色の網目模様や
ジグザグ模様があります。
生きた個体は
潮間帯の岩礁の藻類が多い所で見られ、
殻は海岸によく打ち上がります。

分布｜房総半島以南
生息場所｜潮間帯〜水深10mの岩礁
殻長｜1cm

ムギガイ

殻は小型で、色彩は茶褐色、
黒褐色のさまざまな模様がある個体から、
オレンジ色、薄 紫 色で
模様のないものまであり、変化に富みます。
殻は海岸に打ち上がります。

分布｜房総半島以南
生息場所｜潮間帯〜水深5mの岩礁
殻長｜0.8cm

ボサツガイ

殻は小型で、
白地に茶褐色の帯や斑紋があります。
潮間帯からやや深場にかけての
岩礁の藻類が多い所に見られ、
殻は海岸によく打ち上がります。

分布｜房総半島以南
生息場所｜潮間帯〜水深10mの岩礁
殻長｜1cm

イボフトコロ

原寸

殻は小型で、色彩は黄褐色を地に
茶褐色の模様のある個体から
模様のないものまであります。
藻類の多い潮間帯の岩礁に生息し、
殻は海岸に打ち上がります。

分布｜房総半島以南
生息場所｜潮間帯の岩礁
殻長｜1cm

❖潮下帯…▷152ページ

イトマキボラ科

ヒメイトマキボラ

殻は肌色で褐色の螺肋があり、
茶褐色の殻皮をかむります。
動物体は濃い赤色。
エビ網などにかかってきますが、
最近は数が減少しています。

分布｜房総半島以南
生息場所｜潮下帯〜水深20m位の岩礁
殻長｜15cm

原寸

エゾバイ科

ミガキボラ

殻は厚く周縁に結節が並びます。
殻全体が白く、特に殻口内は純白で、
蓋は黒褐色をしています。
エビ網などによくかかってきます。

分布｜本州東北以南
生息場所｜潮間帯〜水深100mの岩礁
殻長｜10cm

原寸

イソニナ

殻は一般に暗緑色で、
中には黄褐色の個体もあります。
茶褐色の模様が入り、
殻口は黒紫色をしています。
潮間帯上部の岩礁や転石地帯で見られます。

分布｜房総半島以南
生息場所｜潮間帯の岩礁
殻長｜3cm

原寸

イモガイ科

ベッコウイモ

殻は薄紫色で青紫色の模様が入ります。
やや深場に生息し、
この模様のない個体を
キラベッコウイモと呼んでいます。
殻は海岸に打ち上がります。

分布｜房総半島･男鹿半島以南
生息場所｜潮間帯〜水深50m位の岩礁
殻長｜6cm

フデガイ科

ヤタテガイ

殻は厚く黒褐色で、
白または黄褐色の帯や模様が入ります。
老成した個体の殻口の外唇は
乳白色になります。
殻は海岸に打ち上がります。

分布｜房総半島以南
生息場所｜潮間帯〜水深3m位の岩礁
殻長｜3cm

原寸

クダマキガイ科

オハグロシャジク

殻は黒褐色で灰白色の帯があります。
岩礁と岩礁の間にたまった砂地、
砂礫地に生息し、
まれに潮下帯の磯で見られます。
殻は海岸に打ち上がります。

分布｜北海道南部以南
生息場所｜潮間帯〜水深20m位の岩礁
殻長｜2.5cm

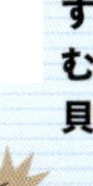

カラマツガイ科

キクノハナガイ

殻は薄く、笠型で黒色。
周縁から白色の6本内外の
強い肋があります。
潮間帯上部の岩礁や岸壁、
テトラポットなどに付着しています。

分布｜本州東北以南
生息場所｜潮間帯の岩礁
殻長｜2cm

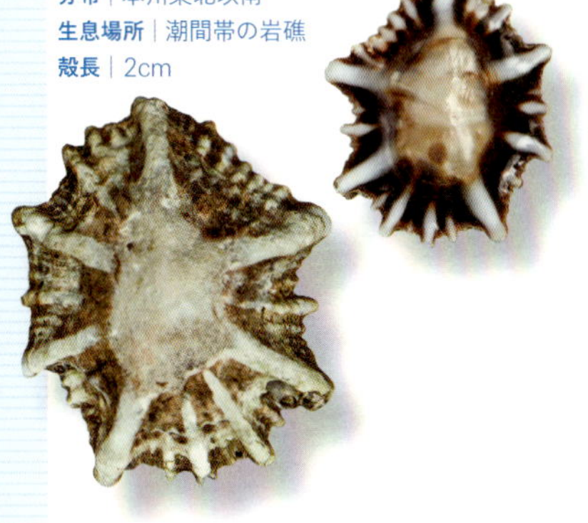

カラマツガイ

殻は薄く、ゆがんだ卵円形。
全体的に黄褐色で褐色の肋があり、
内面は黒紫色をしています。
潮間帯上部の岩礁でよく見られます。

分布｜本州東北以南
生息場所｜潮間帯の岩礁
殻長｜1.5cm

ミスガイ科

ミスガイ

殻は薄く、灰白色の地に
黒褐色の縞模様が入ります。
動物体は大きく茶紫色、桃紫色で、
周縁部は蛍光を発します。
殻は海岸に打ち上がります。

分布｜福島県・山口県以南
生息場所｜潮間帯〜水深20m位の岩礁
殻長｜3cm

ナツメガイ科

ナツメガイ

殻は卵形で、こげ茶色の地に
小さい白色や灰白色の斑紋があり、
黒褐色をした3本程度の帯が入ります。
殻は海岸に打ち上がります。

分布｜房総半島・山口県以南
生息場所｜潮間帯〜水深30m位の岩礁
殻長｜2cm

ムラサキインコ

殻は比較的厚く黒紫色をし、表面は、
若い個体では放射肋❖1がありますが、
成長するにつれて消滅します。
潮間帯上部の岩礁の割れ目に
足糸で付着します。

分布｜北海道南部以南
生息場所｜潮間帯の岩礁、人工構築物
殻長｜3cm

イシマテ

殻は薄く褐色で、表面は平らで滑らか、
石灰が固着しています。
本種は泥質や石灰質の岩盤に穴をあけて
生活しているため、
殻が海岸に打ち上がることはまれです。

分布｜房総半島以南
生息場所｜潮間帯〜水深20m位の岩礁
殻長｜3cm

ヒバリガイ

殻は赤褐色で前背縁❖2の周辺は
黄褐色、黄褐色の殻毛❖3をかむり、
内面は真珠光沢をもちます。
岩礁に足糸で付着し、
殻は海岸に打ち上がります。

分布｜本州東北以南
生息場所｜潮間帯〜水深20m位の岩礁
殻長｜3cm

タマエガイ

殻は薄くふくらみがあります。
黄褐色の地に褐色の細かい模様があり、
薄い黄褐色の殻皮をかむります。
ホヤ類の中にすみ、
殻は海岸に打ち上がります。

分布｜北海道南部以南
生息場所｜潮間帯〜水深50m位の岩礁
殻長｜2cm

❖1｜**放射肋**…▶17ページ
❖2｜**前背縁**…二枚貝の靭帯(じんたい、▶17ページ)があるほうを背縁といい、その前側をさす
❖3｜**殻毛**…毛状になっている殻皮のこと

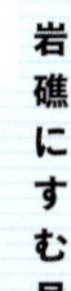

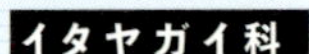

原寸

ヒオウギ

アズマニシキと同様に、
殻の色彩は
茶、赤、橙、黄、紫など
変化に富み、22本前後の
肋の上には鱗片❖1があります。
養殖がおこなわれ、
食用にされています。

分布｜本州東北以南
生息場所｜水深10〜50m位の岩礁
殻長｜12cm

アズマニシキ

殻は、左右でふくらみや肋の数が異なり、
色彩は茶、赤、橙、白、紫などがあります。
足糸で岩礁などに付着します。
殻は海岸に打ち上がります。

分布｜本州東北以南
生息場所｜潮下帯〜水深50m位の岩礁
殻長｜6cm

フネガイ科

エガイ

殻はゆがんだ楕円形。
殻全体が白色で黒色の殻皮をかむります。
岩礁のくぼみや海藻の根元などに
足糸で付着します。
殻は海岸に打ち上がります。

分布｜北海道南部以南
生息場所｜潮間帯〜水深20m位の岩礁
殻長｜5cm

ウグイスガイ科

原寸

ウグイスガイ

殻は鳥型、表面は赤褐色で
内面には真珠光沢があります。
サンゴの仲間のヤギ類に足糸で付着します。
エビ網などにヤギと一緒にかかってきます。

分布｜房総半島以南
生息場所｜潮間帯〜水深50m位の岩礁
殻長｜8cm

アコヤガイ

殻はおおよそ四角形。表面は
木の皮を張り合わせたような桧皮状で、
内面は真珠光沢があり、
乾燥するとひび割れます。
真珠養殖の母貝として有名です。

分布｜房総半島・男鹿半島以南
生息場所｜潮間帯〜水深20m位の岩礁
殻長｜7cm

原寸

ミノガイ科

ミノガイ

殻は白色で、
20本ほどの鱗片のある放射肋があり、
内面は光沢があります。
足糸で岩やサンゴに付着し、
生きている時の触手[2]は紫色をしています。

分布｜房総半島以南
生息場所｜潮下帯〜水深20m位の岩礁
殻長｜6cm

原寸

❖1｜**鱗片**…貝殻上にある鱗(うろこ)状をした部分
❖2｜**触手**…動物体から出ている突起物

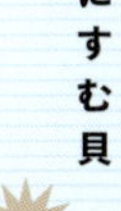

イタボガキ科

イワガキ

殻は楕円形で、
大きいものは殻長25cmに達します。
右殻の表面は木の皮をあわせたような
桧皮状をし、左殻で岩に固着します。
食用にされています。

分布｜本州東北以南
生息場所｜潮間帯〜水深20m位の岩礁
殻長｜12cm

ウミギク科

チリボタン

殻の色は
赤橙色、赤褐色など。
左殻[1]はほぼ平らで
右殻[2]はふくらみがあり、
細長い棘があります。
岩礁に固着し、
殻は海岸に打ち上がります。

分布｜房総半島以南
生息場所｜潮間帯〜水深50m位の岩礁
殻長｜5cm

ウミギク

殻はチリボタンより大きくなり、
肋の上に細く平らな棘をもちます。
殻の色は赤、茶、橙、白、黄など
変化に富み、
内面は周縁をのぞいて白色です。

分布｜房総半島以南
生息場所｜潮下帯〜水深20m位の岩礁
殻長｜8cm

マルスダレガイ科

オニアサリ

殻はよくふくらみ、
放射肋と成長肋[3]がはっきりしています。
黄白色の地に
さまざまな褐色の模様が入ります。
殻は海岸に打ち上がります。

分布｜北海道南部以南
生息場所｜潮間帯〜水深5m位の岩礁の間の砂地、砂礫地
殻長｜3cm

ウチムラサキ

殻は厚く表面は輪肋[4]におおわれ白色。
名前のように殻の内側は紫色をしています。
オオアサリなどの名で売られている地域もあり、
食用にされています。

分布｜北海道南部以南
生息場所｜潮間帯〜水深20m位の岩礁の間の砂礫地
殻長｜8cm

❖1｜**左殻**…二枚貝の外套湾入（がいとうわんにゅう、▶17ページ）を手前にして左側になる殻
❖2｜**右殻**…二枚貝の外套湾入を手前にして右側になる殻
❖3｜**成長肋**…▶17ページ
❖4｜**輪肋**…二枚貝の殻にある輪のようにきざまれた部分

ベッコウガキ科

カキツバタ

殻の色彩は、紫褐色、桃色、白色などで、表面には多くの突起があります。海岸で拾えるものは破片が多く、生きた個体はエビ網などにかかってきます。

分布｜房総半島以南
生息場所｜水深10〜30m位の岩礁
殻長｜10cm

ナミマガシワ科

ナミマガシワ

殻の色は真珠光沢をもつ桃、黄、白など。
左殻はややふくらみ、
扁平な右殻にある穴から
足糸を出して石などに付着します。
殻は海岸に打ち上がります。

分布｜北海道南部以南
生息場所｜潮下帯～水深20m位の岩礁、砂礫地
殻長｜4cm

トマヤガイ科

トマヤガイ

殻には16本くらいの太い放射肋があり、
黄褐色の地にこげ茶色の模様が混ざります。
足糸で岩礁や石に付着します。
殻は海岸に打ち上がります。

分布｜北海道南部以南
生息場所｜
潮間帯～水深5m位の岩礁
殻長｜3cm

キクザル科

キクザル

殻は白色が混ざった赤褐色で、
右殻には小さな突起や
うねがあります。
左殻はふくらみがあり、
これで岩などに固着します。
殻は海岸に打ち上がります。

分布｜北海道南部以南
生息場所｜潮間帯～水深20m位の岩礁
殻長｜3cm

ニオガイ科

カモメガイ

本種の殻の前方には荒い彫刻があり、
これを使って殻を振動させ、
泥岩や砂岩に穴をあけて暮らしています。
海岸には石の中に入った状態で
打ち上がります。

分布｜北海道南部以南
生息場所｜潮間帯～水深10m位の岩礁、転石帯
殻長｜4cm

【コラム】
人工物を付けたクマサカガイ

▼貝やガラスを付けたクマサカガイ

クマサカガイ(▶113ページ)は、自分の殻に他の貝などを付ける習性のある貝です。その名は平安時代の大泥棒、「熊坂長範(ちょうはん)」が七つ道具を身に付けていた状態からなぞらえました。ちなみに英名はcarrier shell(運び屋)。

ではクマサカガイは、どのようにして自分の殻に他物を付けるのでしょう。貝殻を形成するには、軟体部にある外套膜から炭酸カルシウムを主成分とした物質を分泌します。その際、クマサカガイは海底に転がっている貝や石などを取り込んで殻に付けるのです。目的は天敵から身を守るためと言われており、海底の貝や石が寄った場所とまぎらわしくさせています。

欧米では貝を付けたものを「貝類学者(conchologist)」、石を付けたものを「鉱物学者(mineralogist)」と呼んでいますが、近年採れているクマサカガイは貝や石だけでなく、ガラスやビンのフタ、プルトップなどを付けた個体が見つかっています。はたして何学者と言ったらよいのでしょう? これらは有史以前には決してなかったユニークな標本と言えるでしょう。

砂地にすむ貝

砂地

みなさんの中には、潮が引いた砂浜で、貝を探したことがある人もいると思います。しかし、砂の表面に見られる貝は少なかったのではないでしょうか？　その理由は、砂地は岩礁とくらべると、貝をはじめ生物の隠れる場所が少ないため、砂にもぐって生活しているからです。

砂浜は、文字通り砂がつみ重なってできた海岸ですが、砂には細かい粒子から荒い粒子まであります。また、泥が混ざった砂泥地[1]、礫(砂よりも粒子が大きい)が混ざった砂礫地、貝殻の破片が混ざった砂地などもあります。場所は、外洋(外海)に面した所と内湾にある所があり、これらの違いによって、その環境に生息する貝類の種類が違ってきます。

ここでは(76ページ～97ページ)、潮間帯の砂浜から浅海までの砂地にすむ主な貝類を紹介します。

ニシキウズガイ科

キサゴ

殻は低い円錐形。
黄褐色と青灰色の模様で光沢があり、
底部の臍部周辺は滑層❖2でおおわれます。
殻は海岸で拾え、生きた状態で
打ち上がることもあります。

分布｜北海道南部以南
生息場所｜潮間帯〜水深10m位の砂地
殻長｜2.5cm

ソデボラ科

シドロ

殻は紡錘形。
表面は茶褐色、白色で殻口は白くて袖状。
蓋は細くギザギザがあります。
殻は海岸で拾え、海が荒れた後には
生きた個体も打ち上がります。

分布｜房総半島・能登半島以南
生息場所｜潮下帯〜水深10m位の砂地
殻長｜5cm

オニノツノガイ科

カニモリガイ

殻は細長く、肋の上に顆粒が並びます。
潮が引いた砂浜で生きた個体や
ヤドカリが入った殻を見ることができます。
殻は海岸に打ち上がります。

分布｜北海道南部以南
生息場所｜潮間帯〜水深10m位の砂地
殻長｜3cm

❖1｜**砂泥地**…▶152ページ
❖2｜**滑層**…巻貝の殻口(かくこう)から軸にそって広がった滑らかな層

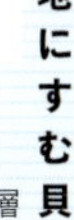

タマガイ科

ツメタガイ

まんじゅう形の殻で表面は茶褐色、
底面は白色で鈍い光沢があります。
他の貝を抱き込み、
歯舌[1]と酸を出し、
穴をあけて捕食する習性があります。

分布｜北海道南部以南
生息場所｜潮間帯～水深30m位の砂地、砂泥地
殻長｜6cm

原寸

ネズミガイ

殻は半卵形で、白色の地に
茶褐色のまだら模様がある個体と、
茶褐色の途切れた帯が入る個体とがあります。
殻は海岸に打ち上がります。

分布｜房総半島以南
生息場所｜水深5～30m位の砂地
殻長｜2.5cm

ネコガイ

殻は白色で細かい螺溝[2]があり、
黄褐色の薄い殻皮をかむります。
海岸に打ち上がる殻は、
殻皮がとれて白くなったものが大半です。

原寸

分布｜房総半島・男鹿半島以南
生息場所｜潮下帯～水深20m位の砂地
殻長｜2.5cm

ヤツシロガイ科

ヤツシロガイ

殻は球形で大型。
殻長20cmをこえる個体もあります。
動物体はかなり大きく、
ナマコなどを捕食しています。
殻は海岸に打ち上がります。

分布｜北海道南部以南
生息場所｜潮下帯～水深200m位の砂地、砂泥地
殻長｜12cm

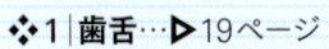
❖1｜**歯舌**…▶19ページ
❖2｜**螺溝**…巻貝の巻きにそってできた溝

トウカムリ科

ウラシマ

殻は卵形で淡い褐色をした
四角形の模様をもちますが、
中には模様のない個体もあります。
台風などで海が荒れた時、
海岸に打ち上がることがあります。

分布｜房総半島以南
生息場所｜水深10〜100m位の砂地、砂泥地
殻長｜5cm

ナガカズラ

殻は光沢をもち、褐色の縦縞模様があります。
殻口の外唇は厚くなり、蓋は小型で三日月形。
台風などで海が荒れた時、
海岸に打ち上がることがあります。

分布｜房総半島以南
生息場所｜水深10〜50m位の砂地
殻長｜7cm

ビワガイ科

ビワガイ

殻はビワの実に似た形で
黄褐色の地に褐色の模様があり、
表面は布目状の彫刻があります。
台風などで海が荒れた時、
海岸に打ち上がることがあります。

分布｜房総半島以南
生息場所｜水深10〜50m位の砂地
殻長｜8cm

ムシロガイ科

ムシロガイ

殻の色彩は灰色、
褐色、黄褐色などがあり、
螺肋と縦肋[※1]によって仕切られた
石畳状の彫刻があります。
殻は海岸に打ち上がります。

分布｜本州東北以南
生息場所｜潮間帯〜50m位の砂地
殻長｜2cm

アッキガイ科

チリメンボラ

殻は黄褐色で、表面は螺肋にそって
ヒレ状のギザギザがあり、殻口内は白色です。
底曳網❖2や底刺網などで捕れ、
殻が海岸に打ち上がることはまれです。

分布｜北海道南部以南
生息場所｜水深10〜50m位の砂地
殻長｜7cm

原寸

ヨフバイ

殻は丸みをもった紡錘形。
表面はやや光沢があり、
黄褐色の地に
茶褐色の細い線と
まだら模様があります。
殻は海岸に打ち上がります。

分布｜本州東北以南
生息場所｜潮間帯〜30m位の砂地
殻長｜2cm

アラレガイ

殻はアメ色の地に薄い褐色の紋があり、
縦肋と螺肋によって仕切られた
いぼが並んでいます。
殻は海岸に打ち上がります。

分布｜房総半島以南
生息場所｜水深10〜100m位の砂地
殻長｜2.5cm

エゾバイ科

ミクリガイ

殻は黄褐色の地に褐色の
模様のある個体と模様のない個体とがあり、
色彩に変化があります。
また、産地によって形態も変わります。

分布｜房総半島以南
生息場所｜水深10〜50m位の砂地
殻長｜4cm

❖1｜**縦肋**…▶16ページ
❖2｜**底曳網**…船から袋状の網を使って海底を曳き、魚介類をとる漁法

エゾバイ科

バイ

殻は滑らかで、
黄白色の地に
褐色の模様が入ります。
近年全国的に減少していて、
原因は有機スズの汚染といわれます。
殻は海岸に打ち上がります。

分布｜北海道南部以南
生息場所｜潮下帯～水深30m位の砂地、砂泥地
殻長｜7cm

イトマキボラ科

ナガニシ

殻は白色で茶褐色が混ざり、
周縁が角張る個体から
滑らかな個体まであります。
ビロード状の殻皮をかむります。
殻は海岸に打ち上がります。

分布｜北海道南部以南
生息場所｜潮下帯～水深50m位の砂地、砂泥地
殻長｜10cm

フデガイ科

フデガイ

殻はふで型。黄褐色の地に
黒褐色の格子状の模様があり、
殻口内は白色。
まれに海岸に殻が
打ち上がることもあります。
底曳網などに入ります。

分布｜房総半島以南
生息場所｜水深5～50m位の砂地、砂礫地
殻長｜5cm

テングニシ

殻全体は肌色で、黄褐色をしたビロード状の殻皮をかむります。卵のうは「ウミホオズキ」と呼ばれ、口に入れて音を鳴らす玩具として使われていました。

分布｜房総半島以南
生息場所｜水深10〜50m位の砂地、砂泥地
殻長｜16cm

原寸

ホタルガイ科

ホタルガイ

殻は光沢があり、色彩は黄白色、
黒褐色、白色などを地に
茶褐色の波模様が入ります。
まれに単色の個体もあります。
殻は海岸に打ち上がります。

分布｜房総半島・山口県以南
生息場所｜潮下帯～水深30m位の砂地、砂泥地
殻長｜1.5cm

コロモガイ科

コロモガイ

蓋をもたない貝。
殻全体が黄褐色で周縁は角張り、
強い縦肋が目だちます。殻口は黄白色。
老成すると殻は厚くなります。
殻は海岸に打ち上がります。

分布｜北海道南部以南
生息場所｜水深5～50m位の砂地、砂泥地
殻長｜5cm

クダマキガイ科

モミジボラ

殻は細長く全体に茶褐色で、
縦肋の上には顆粒が並びます。
海岸には本種に似たミガキモミジボラのほうが
よく打ち上がります。

分布｜北海道南部以南
生息場所｜水深10～100m位の砂地、砂泥地
殻長｜5cm

クダマキガイ

殻は茶褐色で螺肋上は薄くなります。
殻口は弓状に切れ込んでいます。
殻は海岸で拾えますが、
底曳網などから得られることが多いです。

分布｜房総半島以南
生息場所｜水深20～100m位の砂地、砂泥地
殻長｜5cm

イモガイ科

リシケイモ

殻全体が黄白色で、
橙色の個体や
白地に橙色が入る
個体があります。
海岸で拾える殻の
大半はすれています。
以前はオカモトイモの
名がありました。

分布｜房総半島以南
生息場所｜水深10〜100m位の砂地、砂礫地
殻長｜4cm

タケノコガイ科

シチクガイ

殻は細長く暗紫色。
縫合の下に白色の帯があり、
その上に褐色の点が並んでいます。
殻は海岸に打ち上がり、
かなりすれた個体でも特徴は残っています。

分布｜房総半島・山口県以南
生息場所｜潮下帯〜水深20mの砂地
殻長｜3cm

クルマガイ科

クルマガイ

殻は低い円錐形で臍孔❖は広く開きます。
ほぼ円形で車のように見えるので、
この名があります。
海岸では主にクロスジグルマが拾え、
本種は少ないです。

分布｜房総半島以南
生息場所｜水深10〜100m位の砂地、砂泥地
殻長｜4cm

ヒメトクサ

殻は細長く全体に縦肋があり、
巻きにそって薄褐色の帯が入ります。
海岸で新鮮な個体を拾うことができますが、
近年地域によっては激減しています。

分布｜北海道南部以南
生息場所｜水深5〜30m位の砂地、砂泥地
殻長｜3cm

❖臍孔…▶16ページ

フネガイ科

マルサルボオ

殻はよくふくらみ箱型で白色。
36〜38本ほどの肋があり、
黒褐色の殻皮をかむります。
両殻がついたまま海岸に
打ち上がることもあります。

分布｜北海道南部以南
生息場所｜水深5〜20m位の
砂地、砂泥地
殻長｜6cm

原寸

ハボウキガイ科

ハボウキガイ

大きい固体では殻長40cmに達します。
殻の色は紫褐色、黄褐色などがあり、
10本ほどの放射肋があります。
砂に殻を半分ほど埋めて
生活しています。

分布｜房総半島・能登半島以南
生息場所｜水深5〜30m位の
砂地、砂礫地
殻長｜20cm

原寸

タマキガイ科

ベンケイガイ

殻はややふくらみ重厚。
全体は薄い茶褐色で、
黄褐色の肋があります。
黒褐色の殻皮をかむりますが、
海岸に打ち上がった個体は
すれてとれています。

分布｜北海道南部以南
生息場所｜水深5〜20m位の砂地、砂泥地
殻長｜7cm

原寸

ザルガイ科

原寸

ザルガイ

殻は卵円形で比較的厚く、
45本前後の強い放射肋があります。
殻の内面は白色で光沢があり、
周縁は赤紫色をしています。
殻は海岸に打ち上がります。

分布｜房総半島以南
生息場所｜水深5〜50m位の砂地
殻長｜6cm

キンギョガイ

殻は濃い桃色で滑らか。
殻の後方に小さな棘をもつ放射肋があり、
茶金色の殻皮をかむります。
殻を海岸で拾うことはほとんどなく、
魚網にかかってきます。

分布｜房総半島以南
生息場所｜水深20〜80m位の砂地
殻長｜6cm

原寸

イタヤガイ科

キンチャクガイ

殻には3〜5本の太い放射肋があり、
色彩は赤褐色に黄白色の
模様の入った個体が多い。
白色、黄色、紫色などの単色もあります。
殻は海岸で拾えます。

分布｜房総半島・能登半島以南
生息場所｜水深10〜50m位の砂地、砂礫地
殻長｜4cm

イタヤガイ

殻は扇形で右殻はよくふくらみ
左殻はほぼ扁平。
生きている時は
左殻を上にして砂上にいて、
敵がくると泳いで逃げます。
殻は海岸に打ち上がります。

分布｜北海道南部以南
生息場所｜水深10〜100m位の砂地、砂泥地
殻長｜7cm

フジノハナガイ科

ナミノコガイ

殻はほぼ三角形。
平らで滑らかで
やや光沢があります。
砂浜の波打ち際付近に
もぐって生活し、
波に乗って汀線(ていせん)❖を
移動する習性があります。

分布｜房総半島以南
生息場所｜潮間帯砂浜の波打ち際
殻長｜1cm

ツキヒガイ

殻は円に近く、右殻は黄白色で
左殻は深紅色。
この色を月と日に見立てて
ツキヒガイ(月日貝)の名があります。
肉は食用にもされています。

分布｜房総半島以南
生息場所｜水深10〜50m位の砂地
殻長｜10cm

フジノハナガイ

原寸

殻はほぼ三角形。
後方には布目の彫刻があり、
やや光沢があります。
殻の色彩は白色、茶褐色などがあります。
ナミノコガイと同じ習性をもっています。

分布｜房総半島以南
生息場所｜潮間帯砂浜の波打ち際
殻長｜1cm

❖**汀線**…海面と陸地の境界線

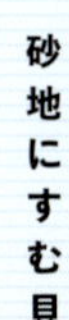

アリソガイ

殻はほぼ三角形。
表面は黄白色で殻頂付近は薄紫色。
黄褐色の殻皮をかむります。
殻は海岸に打ち上がりますが、
近年全国的に激減しています。

分布｜房総半島以南
生息場所｜水深5～20m位の砂地
殻長｜10cm

原寸

オオトリガイ

殻は長楕円形で白色。
黒褐色の殻皮をかむります。
海岸に打ち上がる殻は、
殻皮がとれて白くなったものや
その破片が大半です。

分布｜房総半島以南
生息場所｜水深5～20m位の砂地、砂泥地
殻長｜10cm

原寸

ニッコウガイ科

ベニガイ

殻は前後に長く、
表面、内面ともに
淡い紅色で光沢があります。
殻は海岸に打ち上がりますが、
近年地域によっては激減しています。

分布｜北海道南部以南
生息場所｜潮下帯〜水深20m位の砂地
殻長｜4cm

サクラガイ

殻は薄く桃色で、光沢があります。
海岸で拾った殻に、
よく丸い小さな穴のあいた
個体を見ることがありますが、
これはツメタガイ(▶78ページ)の
しわざです。

分布｜北海道南部以南
生息場所｜潮下帯〜
水深10m位の砂地、
砂泥地
殻長｜1.5cm

モモノハナ

殻はサクラガイ、
カバザクラより
小型で赤みが強く、
後方がとがります。
別名はエドザクラ
(エドは江戸を意味します)。
殻は海岸に打ち上がります。

分布｜房総半島以南
生息場所｜潮下帯〜
水深10m位の砂地、砂泥地
殻長｜1cm

サギガイ

殻は薄く白色で光沢があり、
表面は平らで滑らか。
薄い茶褐色の殻皮をかむります。
殻は海岸で拾え、生きたまま
打ち上がることもあります。

分布｜北海道以南
生息場所｜潮下帯〜水深20m位の砂地、砂泥地
殻長｜4cm

カバザクラ

殻は薄く樺色(赤みをおびた黄色、
これが名の由来)の個体もあり、
サクラガイに似ていますが、
白線がはっきりしています。
殻は海岸に打ち上がります。

分布｜北海道南部以南
生息場所｜潮下帯〜水深10m位の砂地、砂泥地
殻長｜1.5cm

原寸

オオモモノハナ

サクラガイや
モモノハナに
似ていますが
光沢が鈍く、
大型になります。
殻は砂浜海岸に
打ち上がり、
まれに白い個体も見つかります。

分布｜北海道南部以南
生息場所｜潮下帯〜水深30m位の砂地
殻長｜3cm

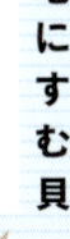

シオサザナミ科

フジナミガイ

殻は楕円形で比較的厚く、
表裏ともに紫色で
鈍い光沢をもち、
黒褐色の殻皮を
かむります。
全国的に激減し、
絶滅危惧種に
取り上げられています。

分布｜房総半島以南
生息場所｜潮間帯〜水深5m位の砂地
殻長｜10cm

シオサザナミ

殻は薄く前後に長い楕円形。
成長線❖がはっきりし、
色彩は薄紫色、赤紫色をしています。
殻は遠浅の砂浜海岸に打ち上がります。

分布｜房総半島以南
生息場所｜水深5〜20m位の砂地
殻長｜4cm

原寸

イソシジミ

殻は卵形、平らで滑らか。
色彩は薄紫色で黒褐色の
厚い殻皮をかむります。
内面は薄紫色で一部が白色。
潮干狩りで見ることができ、
殻も海岸に打ち上がります。

分布｜房総半島以南
生息場所｜潮間帯〜水深10m位の砂泥地
殻長｜4cm

原寸

❖**成長線**…殻の成長にともなってできた細い線。成長肋はこれが太くなったもの

キヌタアゲマキ科

キヌタアゲマキ

殻はほぼ長方形で放射肋があり、
後方にヤスリ状の彫刻があります。
色彩は白桃色で殻頂から周縁に
白い2本の帯が入ります。
殻は海岸に打ち上がります。

分布｜房総半島以南
生息場所｜潮下帯〜水深20m位の砂地、砂泥地
殻長｜5cm

原寸

マテガイ科

オオマテガイ

殻は前後に
伸びた長方形。
黄白色と薄茶色が
混ざった色彩をし、
黄褐色で
光沢のある
殻皮をかむります。
殻は砂浜の海岸に
打ち上がります。

分布｜房総半島以南
生息場所｜潮下帯〜水深20m位の砂地、砂泥地
殻長｜15cm

原寸

ユキノアシタガイ科

ミゾガイ

殻は薄く茶色がかった紫色で半透明、
薄褐色の殻皮におおわれています。
殻は砂浜の海岸に打ち上がり、
両殻がそろった個体もよくあります。

分布｜房総半島以南
生息場所｜潮下帯〜水深20m位の砂地
殻長｜3cm

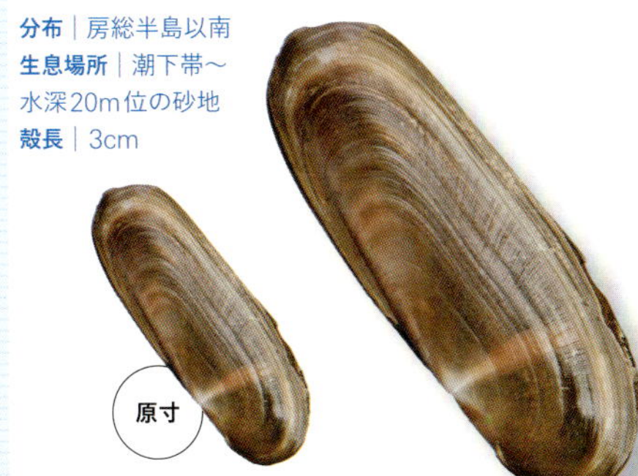
原寸

タカノハガイ

殻は薄く長楕円形で、
黄白色の地に
褐色の斑点が
表面全体にあります。
多くはありませんが、
殻は砂浜海岸に打ち上がり、
両殻がそろった個体も拾えます。

分布｜房総半島以南
生息場所｜潮下帯〜水深30m位の砂地
殻長｜5cm

原寸

マルスダレガイ

殻は厚くほぼ円形。
よくふくらみ、黄白色の地に茶褐色の模様が所々にあります。
内面は白色です。
殻は岩浜海岸に打ち上がりますが、すれた個体が大半です。

分布｜房総半島以南
生息場所｜水深5～30m位の岩礁間の砂地、砂礫地
殻長｜3cm

原寸

原寸

ワスレガイ

殻はほぼ円形でふくらみは弱く比較的厚い。
黄白色の地に成長脈❖にそった薄紫色の帯があり、
黄褐色の殻皮をかむります。
殻は砂浜の海岸に打ち上がります。

分布｜茨城県以南
生息場所｜水深5～20m位の砂地
殻長｜7cm

スダレガイ

殻は長楕円形。
やや幅のある輪肋の間に細かい模様があり、
殻頂から途切れた帯があります。
殻は海岸でも拾えますが、
魚網で得られることが多いです。

分布｜北海道南部以南
生息場所｜水深10～50m位の砂地
殻長｜8cm

原寸

チョウセンハマグリ

殻はほぼ三角形で厚く、白色、茶色、薄紫色などや白色に褐色の模様の入る個体があります。
食用種で外洋の砂浜に生息し、
殻は海岸に打ち上がります。

分布｜茨城県以南
生息場所｜潮下帯～水深10m位の砂地
殻長｜8cm

原寸

アケガイ

殻は長楕円形。
光沢があり表面はやや滑らかですが、
肋のはっきりした個体もあります。
殻は海岸に打ち上がり、台風後には
生きた個体も拾えます。

分布｜北海道南部以南
生息場所｜水深10～50m位の砂地
殻長｜8cm

コタマガイ

殻はほぼ三角形でやや厚く、
比較的平らです。
3本内外の放射模様と
網目模様があります。
時に大発生することがあります。
殻は海岸に打ち上がります。

分布｜北海道南部以南
生息場所｜潮下帯～水深20m位の砂地
殻長｜7cm

ヒナガイ

殻はほぼ円形で厚く、
表面全体に輪肋があります。
色彩は白色と白色に黄褐色の
放射模様のある個体があります。
殻は砂浜の海岸に打ち上がります。

分布｜房総半島以南
生息場所｜水深10～30m位の砂地
殻長｜8cm

❖**成長脈**…成長線がはっきり現れたもの

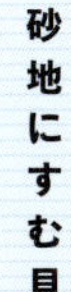

マルスダレガイ科

マツヤマワスレ

殻は光沢があり卵形。
茶褐色の地に成長脈にそった
薄赤紫色の帯があります。
殻は海岸にも打ち上がりますが、
魚網で得られることが多いといえます。

分布｜房総半島以南
生息場所｜水深5〜50m位の砂地
殻長｜6cm

ハマユウ科

ツツガキ

殻は筒型で、殻の後部は花弁状に開き、
殻の前部には根のような突起が多数あります。
海底では、砂礫につきささったように
埋もれて生活しています。

分布｜房総半島以南
生息場所｜水深10〜50m位の砂地
殻長｜20cm

クチベニガイ科

クチベニガイ

殻は片方がとがった楕円形で、表面は白色。
輪肋がはっきりしています。
内面は白色で周縁は紅色、
これを口紅に見立てて本種の名があります。
殻は砂浜の海岸で拾えます。

分布｜房総半島以南
生息場所｜潮下帯〜水深10m位の砂地
殻長｜2cm

ゾウゲツノガイ科

ツノガイ

殻は角状で殻口は丸く、
殻頂に向かって細くなります。
殻の色彩は白色、薄肌色など。
殻は海岸で拾えることもありますが、
底曳網などでよく得られます。

分布｜本州東北以南
生息場所｜水深10〜100m位の砂地
殻長｜8cm

ヤカドツノガイ

殻は角状で白色。縦肋が5〜12本あり、
殻口は5〜12角形に見えます。
八角形が多いので、この名があります。
殻は砂浜の海岸に打ち上がります。

分布｜北海道南部以南
生息場所｜潮下帯〜50m位の砂地
殻長｜5cm

オキナガイ科

オキナガイ

殻は薄く長楕円形で半透明。
殻の表面にはとても細かな顆粒があります。
殻の内面は真珠光沢があります。
殻は砂浜の海岸に打ち上がります。

分布｜房総半島以南
生息場所｜潮下帯〜水深30m位の砂地
殻長｜3cm

内湾・干潟にすむ貝

内湾・干潟

陸地の先端が海に突き出ている地形を岬(みさき)といいます。内湾(ないわん)とは、二つの岬に囲まれた湾の奥をさします。

干潟(ひがた)❖とは、河川や沿岸から、流れによって運ばれた土砂が、流れの弱い所につみ重なった場所のことです。干潟は、内湾の奥や河口(かこう)域(いき)の潮間帯(ちょうかんたい)に形成されます。有明海(ありあけかい)のような大規模なものから、小さな河川の河口にできるものまであります。

ここでは(98ページ〜109ページ)、内湾と干潟で見られる主な貝類を紹介します。

ウミニナ科

ウミニナ

殻はやや厚く塔形で、
黒色から黒色に白色の
帯がある個体などがあります。
干潟や泥がつもった
内湾に生息していますが、
都市近郊では近年激減しています。

分布｜北海道南部以南
生息場所｜内湾、干潟・潮間帯の泥地
殻長｜4cm

ホソウミニナ

殻は塔形で黒色、灰色、
黒色に白色の帯がある個体など
変化に富みます。
ウミニナよりも生息する環境の幅が広く、
外海に面した所でも見られます。

分布｜北海道以南
生息場所｜内湾・潮間帯の砂地、泥地、砂泥地
殻長｜3.5cm

イボウミニナ

殻は細い塔形で殻頂はとがり、
色彩は黒色、灰色、
黒色に白色の帯がある個体など
変化に富みます。
表面は滑らかのものから
肋がはっきりした個体まであります。

分布｜北海道南部以南
生息場所｜内湾、干潟・潮間帯の泥地、砂泥地
殻長｜4cm

✣干潟…▷152ページ

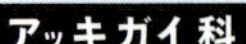

アッキガイ科

アカニシ

殻は大型で重厚。
殻口は赤く、表面は黄褐色で
黒褐色のかすり模様があります。
主として内湾に多く見られ、
殻は海岸に打ち上がります。

分布｜北海道南部以南
生息場所｜内湾・潮間帯〜水深20mの岩礁、砂地、砂泥地
殻長｜10cm

ムシロガイ科

アラムシロ

殻は比較的厚く、色彩は
灰色、褐色、黄褐色など
さまざまあります。
螺肋と縦肋が交わった部分は
顆粒になります。
殻は海岸に打ち上がります。

分布｜北海道南部以南
生息場所｜干潟、汽水域・潮間帯の泥地、砂泥地
殻長｜1.5cm

フトヘナタリ科

ヘナタリ

殻は塔形で黄褐色の地に
黒褐色の帯があります。
殻口が伸びて外側に突き出ることが特徴です。
近年、都市近郊では激減しています。

分布｜房総半島・山口県以南
生息場所｜内湾、干潟、汽水域・潮間帯の泥地、砂泥地
殻長｜2.5cm

フトヘナタリ

殻は太い塔型。
色彩は灰白色の地に黒褐色、
黄褐色の帯があるなど変化に富みます。
潮間帯上部のアシ原の
泥地❖の上で見られます。

分布｜東京湾以南
生息場所｜内湾、干潟・潮間帯の泥地
殻長｜3cm

❖泥地…▷152ページ

イガイ科

ムラサキイガイ

元々は地中海が原産地。
1920年代に船で日本にもちこまれ
定着しています。
食用にされムールガイの名で呼ばれています。
別名はチレニアイガイ。

分布｜東京湾以南
生息場所｜内湾・潮間帯～水深20mの岩礁
殻長｜6cm

ミドリイガイ

本種はムラサキイガイ同様に外来種で、
原産地は東南アジア。
日本では1960年代に発見され、
1980年代以降に繁殖しています。

分布｜東京湾以南
生息場所｜内湾・潮間帯～水深20mの岩礁
殻長｜5cm

フネガイ科

アカガイ

殻は箱形で白色、
濃い褐色の殻皮をかむり、
42本前後の放射肋があります。
寿司ダネとして知られますが、
近年都市近郊では激減しています。

分布｜北海道南部以南
生息場所｜内湾・水深5〜50mの砂泥地
殻長｜10cm

サルボオ

殻は比較的厚く箱形。
白色で32本前後の放射肋があります。
口の中に食べ物を入れてふくらんだ
猿の頬の様子を見立てて、
この名(猿頬)があります。

分布｜東京湾以南
生息場所｜内湾・潮間帯〜水深20mの砂泥地
殻長｜4cm

ハボウキガイ科

タイラギ

殻はほぼ三角形で表面はやや滑らか。
10本前後の放射肋がありますが、
大型になると目立たなくなります。
本種の貝柱は寿司ダネのひとつで、
たいら貝の名があります。

分布｜東京湾以南
生息場所｜内湾・潮間帯〜水深20mの岩礁
殻長｜18cm

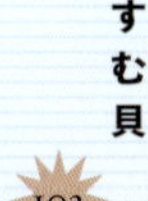

マガキ

殻の形は固着するものによって変わります。
内湾だけではなく、外洋に面した
港内などでも見られます。
養殖がおこなわれ、
食用貝として知られています。

分布｜北海道以南
生息場所｜内湾、汽水域・潮間帯〜水深20mの岩礁、砂礫地、泥地
殻長｜10cm

原寸

イタボガキ

殻の形は固着するものによって変わりますが、
大型になると丸みのある正方形の
個体が多いといえます。
近年全国的に消滅あるいは激減しています。

分布｜北海道以南
生息場所｜内湾・水深5〜20mの岩礁、砂礫地
殻長｜10cm

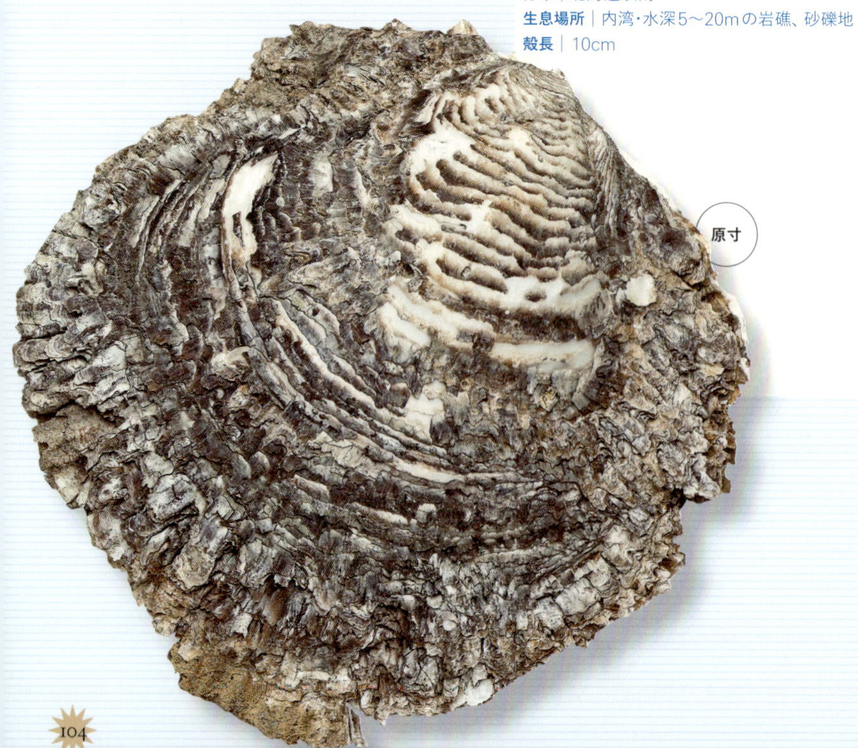

原寸

ツキガイ科

原寸

ツキガイモドキ

殻は白色で円形に近く、
ひだ状の輪肋があり、
黄褐色の殻皮をかむります。
最近は激減し、海岸に打ち上がった殻は、
古い時代のものが大半をしめます。

分布｜北海道南部以南
生息場所｜内湾・水深5〜20mの泥地、砂泥地
殻長｜3cm

イセシラガイ

殻は薄く白色で、球形に近く
黄褐色の殻皮をかむります。
日本各地で絶滅の危機にひんし、
海岸で拾える殻には
半化石が多く含まれています。

分布｜陸奥湾以南
生息場所｜内湾・潮間帯〜水深20mの砂泥地
殻長｜6cm

原寸

原寸

ザルガイ科

トリガイ

殻は比較的薄く黄白色で、
黄褐色の殻皮をかむり、
小型の個体では赤褐色の
まだら模様があります。
寿司ダネとして知られますが、
近年は激減しています。

分布｜陸奥湾以南
生息場所｜内湾・水深5〜30mの泥地、砂泥地
殻長｜8cm

ミルクイ

殻は厚く白色。後部は広く開き、
ここから太い水管を伸ばします。
ミルガイとも呼び、寿司ダネとして
使われますが、近年は激減しています。

分布｜本州東北以南
生息場所｜内湾・潮下帯〜水深20mの砂泥礫地、泥地
殻長｜15cm

シオフキ

殻は比較的薄く
ふくらみは強いです。
表面は黄白色で
黄褐色の殻皮をかむります。
殻の内面は白色で周縁の一部は
赤紫色に染まります。

原寸

分布｜北海道以南
生息場所｜内湾・潮間帯〜水深20mの砂地、砂泥地
殻長｜4cm

バカガイ

殻はほぼ三角形で黄白色。
薄い黄褐色の殻皮をかむります。
中には殻頂から褐色の放射帯を
もつものもあります。
アオヤギの名でも知られる食用の貝です。

分布｜北海道以南
生息場所｜内湾・潮間帯〜水深20mの砂地、砂泥地
殻長｜6cm

ニッコウガイ科

サビシラトリ

殻は薄く卵形。
白色でふくらみは弱く、
褐色の殻皮をかむります。
殻は外見上サギガイ(▶91ページ)や
シラトリモドキに似ていますが、
生息環境が異なります。

分布｜北海道南部以南
生息場所｜内湾、干潟・潮間帯の泥地、砂泥地
殻長｜4cm

ユウシオガイ

殻は薄く卵形で光沢があり、
褐色の殻皮をかむります。
殻の色彩は白、桃色、黄色などがあります。
殻は内湾の海岸に打ち上がります。

分布｜陸奥湾以南
生息場所｜内湾、干潟・潮間帯の砂泥地
殻長｜1.5cm

オオノガイ科

オオノガイ

殻は長楕円形で全体が白色。
黄褐色の殻皮をかむります。
内湾奥の砂泥底に相当深くもぐって生活します。
食用にもされています。

分布｜北海道以南
生息場所｜内湾、干潟・潮間帯の砂泥地、泥地
殻長｜8cm

マテガイ科

マテガイ

殻は黄白色で
光沢のある褐色の
殻皮をかむります。
砂に深くもぐって生活し、
その穴に塩などを入れると
飛び出す性質があります。

分布｜北海道南部以南
生息場所｜内湾・潮間帯の砂地
殻長｜10cm

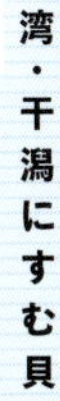

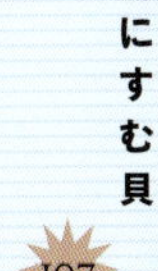

マルスダレガイ科

アサリ

原寸

殻の模様は
変化に富みます。
潮干狩りの獲物として知られ、
内湾に多く生息しますが、
外洋に近い海域にも見られます。
食用としてとても有名な貝。

分布｜北海道南部以南
生息場所｜潮間帯〜水深10mの砂地、砂泥地
殻長｜3cm

ハマグリ

殻はほぼ三角形で、
殻頂から放射線模様が入るもの、
ごま模様やジグザグ模様が入るものなど
変化に富みます。
近年全国的に激減しています。

分布｜北海道南部以南
生息場所｜内湾・潮間帯〜水深10mの砂地、砂泥地
殻長｜6cm

原寸

ホンビノスガイ

元々はアメリカ東海岸を経て
ユカタン半島に分布する種類ですが、
1998年ごろから東京湾で繁殖し、
現在は食用にされるほど
水揚げされている外来種です。

分布｜東京湾(北アメリカ原産)
生息場所｜内湾・潮間帯〜水深5mの泥地、砂泥地
殻長｜8cm

オキシジミ

殻はほぼ丸く、表面は黄橙色をし、
内面は白青色。黄褐色の殻皮をかむります。
内湾の奥や干潟、
河口などで見られます。

分布｜房総半島以南
生息場所｜内湾、干潟・潮間帯〜
水深20mの砂泥地、泥地
殻長｜4cm

カガミガイ

殻は円形に近く、殻全体が白色で
細かい輪肋があります。
内湾の砂浜に多く、アサリなどを
目的とした潮干狩りでよく見かけます。

分布｜北海道南部以南
生息場所｜内湾・潮間帯〜水深30mの砂地、砂泥地
殻長｜5cm

オキナガイ科

ソトオリガイ

殻は長楕円形で薄く、銀白色をしています。
殻の周縁部に黄褐色の殻皮をかむり、
内面は真珠光沢があります。

分布｜北海道以南
生息場所｜内湾、干潟・潮間帯〜水深20mの砂泥地
殻長｜4cm

キヌマトイガイ科

ナミガイ

殻は楕円形で全体に白色。
褐色の殻皮をかむります。
殻の後端は開き、
ここから太い水管を出しています。
市場では白ミルの名で知られています。

分布｜北海道以南
生息場所｜内湾・潮下帯〜水深20mの砂泥地
殻長｜10cm

深い海にすむ貝

深い海

深海とは、一般的に水深200mより深い海をさします。ふつう水深200mをこえると、海底は泥地や砂地が広がり(泥の海底を泥底、砂と泥でできた海底を砂泥底といいます)、岩礁には光が届かないので海藻類はいません。また、サンゴなどの刺胞動物も少なくなります。このような深い海の底にも、貝類は生息しています。

ここでは(110ページ〜134ページ)、岩礁、砂地といった環境の分け方ではなく、水深50〜200m、および200m付近からそれより深い海に生息する貝類に分けて解説します。

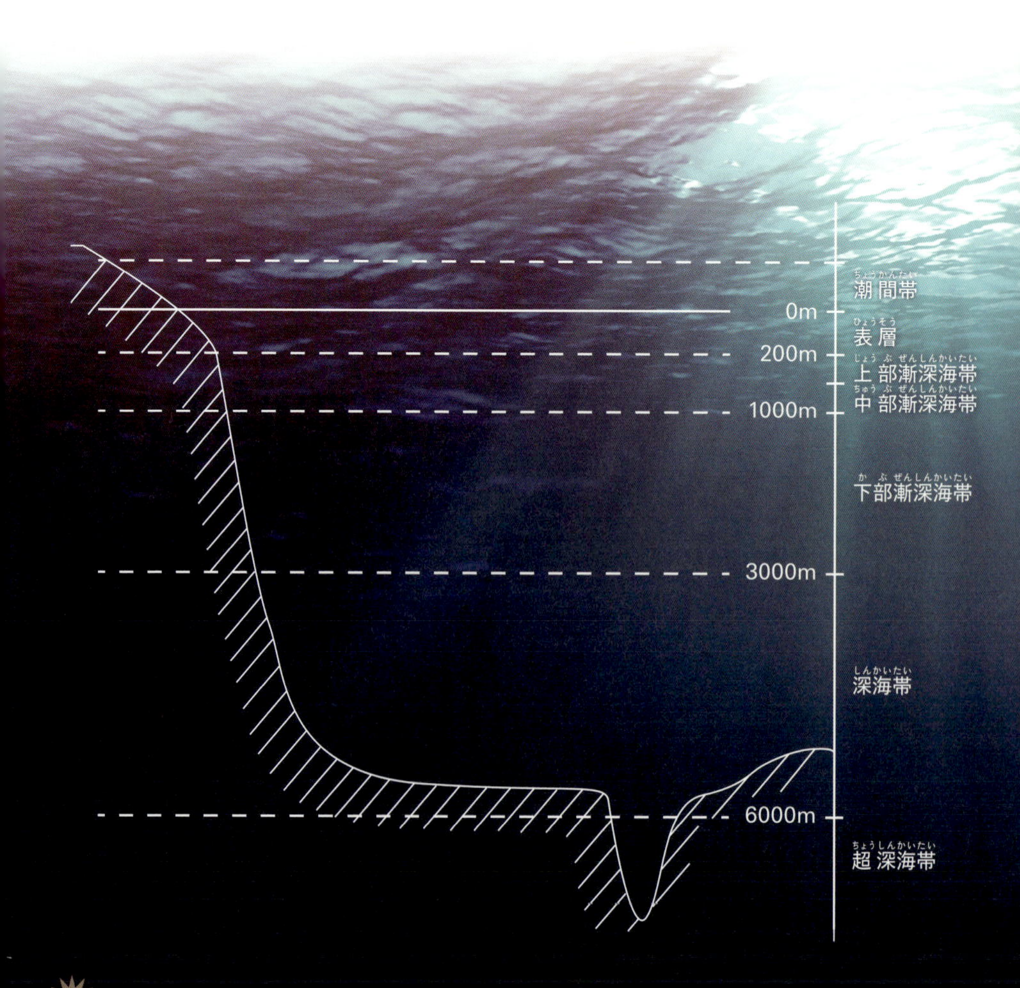

水深50〜200m前後

オキナエビス科

原寸

オキナエビス

殻は円錐形。表面は紅色で顆粒状の
螺肋があります。殻口の切れ込みが特徴。
殻口内と軸には真珠光沢があります。
チョウジャガイ(長者貝)の別名があります。

分布｜千葉県銚子〜相模湾〜伊豆七島、小笠原、紀伊半島
生息場所｜水深80〜200m位の岩礁、岩礫地
殻長｜8cm

ニシキウズガイ科

ヒラコマ

殻は円錐形で光沢をもち、
淡褐色の地に螺塔から点線模様をした
褐色の螺肋があります。
縫合近くには雲状の模様が入ります。
底曳網などで得られます。

分布｜房総半島以南
生息場所｜水深50〜100m位の岩礁、砂礫地、砂地
殻長｜4cm

原寸

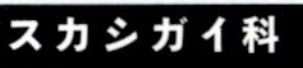

スカシガイ科

原寸

オオツカテンガイ

殻は楕円形。頂孔は楕円形で
殻の表面には強い肋があります。
色彩は殻全体が茶褐色、黄白色で、
暗褐色をした12本程度の放射帯が入ります。

分布｜房総半島以南
生息場所｜水深20〜100m位の岩礁、岩礫地
殻長｜3cm

サザエ科

原寸

リンボウガイ

殻は低い円錐形で周縁に
8本内外の細長い突起があります。
殻の表面は赤褐色で顆粒があり、
底面部の一部は白色。
底刺網や底曳網によって得られます。

分布｜房総半島以南
生息場所｜水深80〜200m位の砂地
殻長｜5cm

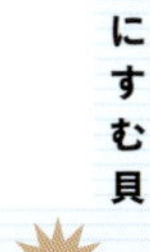

原寸

オキニシ科

コナルトボラ

殻は紡錘形。
全体が茶褐色で肩❖1に
大小のこぶの列があります。殻口は白く、
軸唇❖2側に黒褐色の紋があります。
底刺網や底曳網などによって
得られます。

分布｜房総半島以南
生息場所｜水深30～200m位の岩礁、岩礫地
殻長｜7cm

スジウズラ

殻は球形で大型。
殻全体はチョコレート色で、
螺肋がはっきりしています。
軟体部は大きく黒紫色をしています。
底曳網、底刺網などから得られます。

分布｜房総半島以南
生息場所｜水深30～100m位の砂泥地、砂地
殻長｜20cm

❖1｜**肩**…巻貝の体層で突き出た部分
❖2｜**軸唇**…▷16ページ

タカラガイ科

ヒメハラダカラ

殻の背面に褐色の点があり、
周縁部には黒褐色の紋があります。
殻の腹面は淡い桃色、黄橙色をしています。
底曳網などによって得られます。

分布｜房総半島以南
生息場所｜水深30～200m位の岩礁、砂礫地
殻長｜4cm

クマサカガイ科

クマサカガイ

殻は全体に白か黄褐色。
海底にある貝、石、サンゴなどを
殻に付ける習性があります。
底曳網や底刺網などによって得られます。

分布｜茨城県以南
生息場所｜水深100～300m位の砂泥地、砂地
殻長｜6cm

クマサカガイ科

原寸

キヌガサガイ

殻は低い円錐形で周縁は波型をしています。
クマサカガイのように貝や石を
殻全体に付けず、殻頂付近に付けます。
底曳網、底刺網などから得られます。

分布｜茨城県以南
生息場所｜水深30〜100m位の砂泥地、砂地
殻長｜8cm

原寸

ウネウラシマ

殻には螺状溝❖があり
茶褐色の方形模様があります。
この模様は一直線に
つながることもあります。
底曳網、底刺網などから
得られます。

分布｜房総半島以南
生息場所｜水深30〜300m位の
砂泥地、砂地
殻長｜8cm

原寸

殻は卵形。表面は滑らかで
淡褐色をした雲状の模様があります。
縫合の下はくぼみ、1本のすじが入ります。
底曳網などによって得られます。

分布｜房総半島以南
生息場所｜水深50〜300m位の砂地、砂泥地
殻長｜6cm

イボボラ

巻きにゆがみがあることが特徴です。
ビロード状の殻皮をかむり、
殻口は褐色で滑層が広がり、
歯状の突起が並びます。
底刺網などから得られます。

分布｜房総半島・山口県以南
生息場所｜水深30〜150m位の砂地、砂礫地
殻長｜5cm

ナンカイボラ

ボウシュウボラの深海に生息するタイプ。
ボウシュウボラより小型で、
色彩も淡く軟体部の色が
薄いことなどが特徴です。
底曳網や底刺網によって得られます。

分布｜房総半島・山口県以南
生息場所｜水深80〜200m位の岩礁、砂泥地、砂礫地
殻長｜20cm

❖**螺状溝**…巻貝の巻きにそってできた溝。螺溝ともいう

イトカケガイ科

ナガイトカケ

殻は白色で螺塔に近い部分は淡黄色。
殻の表面は螺肋と縦肋が交わって
布目状になります。
アメ色の蓋をもち、イトカケガイ科で
もっとも大きな種類です。

分布｜房総半島･山口県以南
生息場所｜水深30〜80m位の砂地、砂泥地
殻長｜8cm

オオイトカケ

殻は白色または淡褐色で光沢をもち、
板状の縦肋が各層にあります。
螺層❖は離れ、黒色の蓋をもちます。
底曳網によって得られます。

分布｜房総半島･山口県以南
生息場所｜水深30〜100m位の砂泥地
殻長｜5cm

フジツガイ科

マツカワガイ

殻は扁平で、左右に
トサカ型に発達した
ヒレがあります。
ビロード状の殻皮をかむり、
黒色の蓋をもちます。
底曳網や底刺網によって得られます。

分布｜房総半島･山口県以南
生息場所｜水深80〜200m位の砂地、砂泥地
殻長｜7cm

❖螺層…▷16ページ

アッキガイ科

アッキガイ

殻上には120度おきにとがった
細長い棘が並んでいます。
殻の色彩は全体的に黄褐色で、
茶褐色の縞模様があります。
底刺網によって得られます。

分布｜房総半島以南
生息場所｜水深60～150m位の砂地、砂泥地
殻長｜16cm

タカノハヨウラク

殻は平らで滑らか。
淡褐色の地に褐色の帯や
途切れた模様が入ります。
ヒレは120度おきに発達し、
水管は長く、褐色の薄い蓋をもちます。

分布｜房総半島以南
生息場所｜水深80〜200m位の砂礫地
殻長｜5cm

イセヨウラク

殻の発達したヒレは、
扁平なものからちぢれたものまであり、
殻の色彩は黄褐色、褐色、白色に
褐色の帯の入るものなどがあります。
底刺網にかかります。

分布｜北海道以南
生息場所｜水深10〜100m位の岩礁、砂礫地
殻長｜5cm

ハッキガイ

殻は淡褐色で
120度おきに棘が並び、
肩の部分の棘は長くなります。
殻口は白色で水管は長く、
蓋は黒褐色。
底曳網や底刺網によって
得られます。

分布｜房総半島以南
生息場所｜水深80〜200m位の砂地、砂泥地
殻長｜10cm

テンニョノカムリ

殻全体は白色で老成すると厚くなります。
肩には三角形の棘が並び、
螺肋は鱗片状で深くきざまれます。
底刺網などにかかってきます。

分布｜房総半島以南
生息場所｜水深50～200m位の砂礫地
殻長｜5cm

原寸

イトマキボラ科

原寸

イトマキナガニシ

殻は大型で白色。
まれに茶褐色の模様の入る個体もあります。
周縁が角張る個体から滑らかな個体まであり、
殻口と水管の間に臍孔のあることが特徴です。

分布｜房総半島以南
生息場所｜水深50～150m位の砂礫地
殻長｜18cm

【コラム】

貝のアルビノ

貝の色、模様は実に多彩です。貝を収集する人の多くは、その美しさに惹かれているようです。種内の色の変異を集めたり、珍しい色の貝を求めたりすることは、コレクター共通の真意と思われます。なかでもアルビノは人気があります。

アルビノとは先天的にメラニン色素の合成にかかわる遺伝的情報が欠け、本来の色を失って白色個体になることです。貝では白化した殻のことを指します。ごく薄い色や模様が残っていて完全に白化していない貝もアルビノとして扱われますが、これには色彩の残り具合を基準にした示し方があります。例えば純白に極めて近く、ごく薄い模様が残っていれば「90%アルビノ」と表現します。

貝のアルビノは出現数が少ないため、標本商のリストに高値が付いています。それでもコレクターが買い求めるのは、原型に見られない純白の魅力を感じるからかもしれません。

コオニコブシ
（右:アルビノ　左:通常個体）

ワダチウラシマ
（右:アルビノ　左:通常個体）

エゾバイ科

マユツクリ

殻の形態、模様が変化に富み、
日本海産のものは縞模様がはっきりとし、
イトマキミクリと呼ばれています。
底曳網、底刺網などによって得られます。

分布｜北海道南部以南
生息場所｜水深30～200m位の砂礫地
殻長｜5cm

フデガイ科

カラフデ

殻は紡錘形で厚く、色彩は白色または
白色の地に褐色の模様が入ります。
オリーブ色の薄い殻皮をかむりますが、
生きている時の殻は汚れています。

分布｜房総半島以南
生息場所｜水深80～200m位の砂地、砂礫地
殻長｜8cm

イモガイ科

アコメガイ

殻は白色で所々に褐色の斑紋があります。
生きている時は黄褐色の殻皮をかむります。
底刺網にもかかりますが、
主に底曳網によって得られます。

分布｜房総半島以南
生息場所｜水深80～200m位の砂泥地
殻長｜8cm

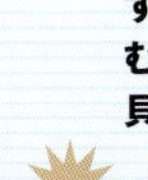

クダマキガイ科

シャジク

殻は紡錘形。比較的薄く黄褐色をし、
肩には顆粒が並びます。
殻口の上部は弓状に切れ込み、
黄褐色の小さい蓋をもちます。
底曳網などで得られます。

分布｜房総半島以南
生息場所｜水深80〜200m位の砂地、砂泥地
殻長｜6cm

ホンカリガネ

殻は比較的厚く、全体は黄褐色で
褐色のすじや斑点があります。
砂泥地に生息する個体は
殻が汚れていますが、
砂礫地にいるものは色がはっきりしています。

分布｜房総半島以南
生息場所｜水深50〜150m位の砂泥地、砂礫地
殻長｜8cm

タケノコガイ科

キリガイ

殻はとても細長く、
色彩は黄褐色。
螺肋と縦肋が交わって
布目状となり、
縫合の下は盛り上がり、
2列のいぼが並びます。
底曳網によって得られます。

分布｜房総半島以南
生息場所｜水深30〜100m位の砂地、砂泥地
殻長｜10cm

フジタギリ

殻は長く黄色の地に褐色の斑紋が入り、
縦肋がはっきりしています。
本種にはフトギリと区別の難しい
個体もあります。
底刺網や底曳網で得られます。

分布｜房総半島以南
生息場所｜水深50～100m位の砂地、砂泥地
殻長｜14cm

原寸

フネガイ科

ハゴロモガイ

殻は前後に長い箱形。
放射肋は28本前後あり、
黒褐色の殻皮をかむります。
フネガイ科の中では深場に生息する種類で、
底曳網などで得られます。

分布｜房総半島以南
生息場所｜水深50～100m位の砂泥地
殻長｜5cm

タマキガイ科

ベニグリ

殻のふくらみは弱く、色彩は黄褐色で
茶褐色の殻皮をかむります。
若い個体は円形に近く、
老成すると後方へ伸びます。
底曳網で得られます。

分布｜北海道南部以南
生息場所｜水深50〜300m位の砂泥地
殻長｜4cm

イタヤガイ科

ニクイロナデシコ

殻は小型で薄く、ふくらみは弱い。
色彩は赤桃色で白色の放射帯が混ざります。
ナデシコの仲間としては深場にすみ、
主に石や貝殻に付着しています。

分布｜房総半島以南
生息場所｜水深50〜300m位の砂地、砂泥地
殻長｜3cm

ウミギク科

オオナデシコ

殻は赤橙色、黄橙色で
左殻に細かい棘があり、
小棘の生じる個体もあります。
右殻で岩や石に付着します。
底刺網やサンゴ網❖で得られます。

分布｜房総半島以南
生息場所｜水深50〜200m位の岩礁
殻長｜5cm

マルスダレガイ科

オオスダレ

殻は比較的薄く長楕円形。
黄褐色の地に放射線模様が
途切れた紋があります。
底曳網、底刺網で得られ、
タコがタコツボに本種を
運ぶこともあります。

分布｜房総半島以南
生息場所｜水深30〜100m位の砂地、砂泥地
殻長｜10cm

原寸

ビノスガイモドキ

殻は卵形で比較的厚く、
表面には薄い板状の放射肋があります。
殻の色彩は白色ですが、
まれに褐色帯が入る個体もあります。
底曳網で得られます。

分布｜房総半島以南
生息場所｜水深50〜200m位の砂泥地
殻長｜5cm

原寸

シャクシガイ科

原寸

オオシャクシ

殻は薄く前部は丸いです。
後部は口ばし状に伸びるという
特殊な形をしています。
殻の色は白色で、
黄褐色の殻皮をかむります。
底曳網で得られます。

分布｜房総半島以南
生息場所｜水深50〜200m位の砂泥地
殻長｜4cm

❖**サンゴ網**…おもりの付いた網で海底をすり引きしてサンゴをとる漁法

水深200m付近以深

ニシキウズガイ科

ギンエビス

殻はほぼ円錐形。
殻全体は真珠光沢をもつ銀白色で、
茶褐色の殻皮をかむります。
肩には結節が並びますが、
この結節がまったくない
個体もあります。

分布｜本州北部(太平洋側)以南
生息場所｜水深150〜300m位の砂泥地
殻長｜5cm

原寸

アコヤエビス

殻は薄く真珠光沢をもった
淡い赤褐色または黄白色で、
細い螺肋があります。
アメ色をした薄い蓋をもちます。
底曳網によって得られます。

分布｜房総半島以南
生息場所｜水深180〜500m位の砂泥地
殻長｜2.5cm

原寸

原寸

クサイロギンエビス

殻は白色で黄白色の殻皮をかむり、
表面の螺肋上には細かい顆粒が並びます。
老成個体の大半は螺塔が腐食しています。
底曳網によって得られます。

分布｜岩手県以南
生息場所｜水深300〜1000m位の砂泥地
殻長｜4cm

サザエ科

原寸

ハリナガリンボウ

殻は低い円錐形で、
周縁には7本内外の
弓形に曲がった
長い棘があり、
楕円形をした白色の蓋をもちます。
底曳網によって得られます。

分布｜房総半島以南
生息場所｜水深200～500m位の砂泥地
殻長｜10cm(棘を含む)

タマガイ科

キザミタマツメタ

殻全体が白色で、
黄褐色の殻皮をかむります。
縫合の下にきざんだような彫刻があり、
アメ色の蓋をもちます。
底曳網によって得られます。

分布｜房総半島以南
生息場所｜水深150～300m位の砂泥地
殻長｜2.5cm

ヤツシロガイ科

ナシガタミヤシロ

殻は薄く卵形。
色彩は茶褐色で表面には
細かい螺肋があります。
ヤツシロガイの仲間としては
イトマキミヤシロとともに深場に生息し、
底曳網で得られます。

分布｜房総半島以南
生息場所｜水深150～300m位の砂泥地
殻長｜7cm

トウカムリ科

カブトボラ

殻全体が白色で黄褐色の殻皮をかむります。
15本前後ある螺肋上にはいぼが並び、
比較的厚い茶褐色の蓋をもちます。
底曳網によって得られます。

分布｜相模湾以南
生息場所｜水深250～500m位の砂泥地
殻長｜6cm

エゾバイ科

スルガバイ

殻は白色または淡黄白色で、
黄白色の殻皮をかむり、
表面には多数の螺肋があります。
蓋はアメ色で楕円形をしています。
底曳網やエビ籠❖などで得られます。

分布｜房総半島以南
生息場所｜水深200～800m位の砂泥地、泥地
殻長｜8cm

ナンバンカブトウラシマ

殻は卵形で肌色。
通常は肩の部分に
先がとがったいぼが並びます。
しかし、これがまったくない個体もあります。
底曳網によって得られます。

分布｜房総半島以南
生息場所｜水深200～300m位の砂泥地
殻長｜10cm

ヒメエゾボラモドキ

殻は紡錘形で白色または
淡褐色をしています。
黄白色の殻皮をもち、
表面には4～7本の螺肋があります。
底曳網、底刺網、エビ籠などによって
得られます。

分布｜房総半島以南
生息場所｜水深180～500m位の砂地、砂泥地
殻長｜8cm

原寸

❖**エビ籠**…海に入れておいた餌の入った籠を引き上げてエビをとる漁法

エゾバイ科

ナサバイ

殻には強い縦肋があり、
螺肋と交わった部分は粒状になります。
肋の出かたは個体によって変化があります。
底曳網、底刺網、エビ籠で得られます。

分布｜房総半島以南
生息場所｜水深150〜300m位の砂泥地
殻長｜5cm

アッキガイ科

コンゴウツノオリイレ

殻は白色で縦肋の上に小棘が並びます。
この小棘は肩の部分が
もっとも長くそりかえります。
底曳網、底刺網、エビ籠などによって
得られます。

分布｜房総半島以南
生息場所｜水深150〜300m位の砂泥地
殻長｜4cm

フジツガイ科

カブトアヤボラ

殻は白色で肋の上は淡褐色をしています。
黄褐色の殻皮をかむりますが、
老成すると殻皮がとれ、
海底の汚れがつきます。
底曳網などで得られます。

分布｜房総半島以南
生息場所｜水深150〜300m位の砂泥地
殻長｜10cm

ガクフボラ科

ホンヒタチオビ

殻はやや厚く縦肋があり、
殻口の軸唇には2〜4個のひだがあります。
殻は肌色で茶褐色のイナズマ模様が入ります。
底曳網、底刺網で得られます。

分布｜北海道〜相模湾
生息場所｜水深150〜400m位の砂泥地、泥地
殻長｜12cm

クダマキガイ科

チマキボラ

殻は角張った段のある螺旋をしています。
生きている時の殻は薄紫茶色をしていますが、
時がたつと黄褐色に変色します。
底曳網によって得られます。

分布｜房総半島以南
生息場所｜水深200〜400m位の砂泥地
殻長｜8cm

原寸

原寸

イグチガイ

殻は茶褐色で縦肋が強く出る個体と
弱いものとがあり、肩の部分で
いぼ状になることもあります。
底曳網、底刺網によって得られます。

分布｜房総半島以南
生息場所｜水深150〜300m位の砂泥地
殻長｜7cm

ミノガイ科

スミスハネガイ

殻はやや薄く卵円形。光沢があり
白色、黄白色をしています。
表面には40本前後の放射肋があります。
底曳網、底刺網、サンゴ網によって
得られます。

分布｜北海道南部以南
生息場所｜水深200〜700m位の岩礁、砂礫地
殻長｜8cm

原寸

オオハネガイ

殻は大型でやや厚く卵円形。
表面は黄白色で鈍い光沢があります。
生きている時は足糸で
石や岩に付着しています。
底曳網、底刺網によって得られます。

分布｜北海道南部以南
生息場所｜水深150〜300m位の砂礫地、砂泥地
殻長｜15cm

原寸

ロウバイガイ科

オオベッコウキララ

殻は薄く長卵形で白色。
光沢のある黄褐色の殻皮をかむります。
内面も白色でギザギザした歯が
前後に並びます。
底曳網によって得られます。

分布｜房総半島以南
生息場所｜水深180〜400m位の砂泥地、泥地
殻長｜3cm

クルミガイ科

原寸

オオキララ

殻はやや厚く白色で、
黒緑色の殻皮をかむります。
殻頂から縁に向かった肋があり、
殻の中央で左右に分かれます。
底曳網によって得られます。

分布｜房総半島以南
生息場所｜水深50〜300m位の砂泥地、泥地
殻長｜3cm

オトヒメハマグリ科

シロウリガイ

殻は長楕円形で白色または淡黄白色をし、
黄白色の厚い殻皮をかむります。
メタンや硫化水素などがわき出る
深海に生息する、相模湾の固有種❖です。

分布｜相模湾
生息場所｜水深700〜1200m位の砂泥地
殻長｜12cm

❖**固有種**…その地域にしか生息しない生物

浮遊生活をする貝

浮遊生活

大半の貝類の幼生期は、プランクトンのように海面をただよって生活しています。ほとんどの貝類は、成貝になるとそれぞれのすみかに定着しますが、中には成貝になっても、浮遊生活をいとなんでいるものもあります。

例えば、アサガオガイ(▶136ページ)の仲間は、粘液で空気の入ったいかだをつくり、海面をただよいながらクラゲ類を食べています。このように、生涯海底をはうことなく生きる貝もいます。

ここでは(135ページ～137ページ)、どこかの環境に定着せず、浮遊生活をおこなう貝類を紹介します。

▼浮遊生活をしているルリガイ

カイダコ科

アオイガイ

殻は大型のもので25cm位に達します。
雌ダコがつくった殻で、雄には殻がありません。
殻は暖流の影響が強い時、
海岸に打ち上がります。別名はカイダコ。

分布｜全世界の温帯、熱帯域
生息場所｜表層域
殻長｜15cm

原寸

カメガイ科

クリイロカメガイ

カメガイの仲間は種類によってさまざまな形をし、
筒型、針型、ひし形、カメ型などがあります。
本種の殻は栗色で、側部と後方に
棘があります。

分布｜太平洋の温帯、熱帯域
生息場所｜表層域
殻長｜0.5cm

アサガオガイ科

アサガオガイ

殻は薄く薄青紫色で、
底面は濃い青紫色をしています。
泡の入ったいかだをもち、
浮遊生活をいとなんでカツオノエボシや
ギンカクラゲなどを食べています。

分布｜全世界の暖流域
生息場所｜表層域
殻長｜2.5cm

原寸

ルリガイ

殻は薄く体層のふくらみは強いです。
殻全体が青紫色をしています。
アサガオガイと同様に浮遊生活をしながら
ギンカクラゲ、カツオノカンムリなどを
食べています。

分布｜全世界の暖流域
生息場所｜表層域
殻長｜3.5cm

原寸

原寸

タコブネ

雌ダコによってつくられた
プラスチックのような殻。
雌が保育用に使い、雄は殻をもちません。
殻はまれに海岸に打ち上ります。
別名はフネダコ。

分布｜全世界の温帯、熱帯域
生息場所｜表層域
殻長｜8cm

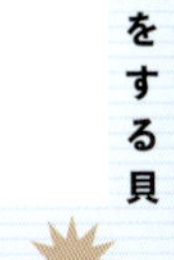

【コラム】

貝と蓋

通常、巻貝は蓋を持っています。サザエの仲間は石灰質、オキナエビスやホラガイなどは角質、タマガイの仲間は種類ごとに石灰質、角質の蓋を持ちます。また、モスソガイ類はわずか2〜4mm程度の蓋を持ち、アワビの仲間やヤツシロガイ類などには蓋がありません。外敵から攻撃を受けると、軟体部を引っ込め、蓋で殻口を閉ざすことで身を守りますが、蓋なしや、小さい蓋ではどうなるのでしょう？　おそらくは、軟体部が硬い、あるいは隙間なくぴったり岩に付着するなどのほか、捕食者が嫌がる色や味をしているのかもしれません。

ところで、蓋は標本においても大切です。採集した貝には蓋を付けてデータを添えることで(▶148–149ページ)、標本としての価値が上がります。間違えて別の貝の蓋を付けないようにしましょう。

貝類標本商のリストでは、蓋付き標本(海外ではw/o (with operculumの意味)といって、蓋なしに比べ高値になっています。しかし、時には別の種類の蓋が付けられていることもあり、注意が必要です。蓋の知識を持つには熟練を要しますが、収集した時に貝と蓋の関係をよく観ておくことが大切です。

▲小さい蓋を持つモスソガイ

第4章

貝の収集ガイド

みなさんは、貝殻を拾いに
海へいったことがありますか?
第1章から第3章を見てきて、
貝殻が欲しくなった人はいませんか?
海は楽しい所ですが、
危険なこともたくさんあるのです。
この章では、貝を採集する時の注意点や
マナーを解説します。

海に潜む危険

海に出る時の注意点

貝を探そうとすると、海へ出る機会が多くなります。常識的なことも含め、まずは安全対策を身につけましょう。

危険な生物に注意！

海には毒をもった生物も多くいます。事故をさけるために、危険な生物の知識を身につけておきましょう。

注意すること

- **地震、津波には十分な警戒を！**
  すぐに避難できる場所を探しておく
- **台風や低気圧がきている時は、海へ出ることをひかえる**
- **ひとりではなく、グループで出かける**
- **初めて行く場所は、あらかじめ視察をしておく**
- **突き出た磯の先端では、落ちないように注意する**
  波が高いうえ、海底は急に深く落ち込んだ地形が多い
- **テトラポットが設置されている所には行かないこと**
  波が高い場所であり、藻類が付着していて滑りやすい
- **潮が満ち始めたらすぐに戻る**
- **危険な生物を知っておく**
- **海辺を歩くのにふさわしい服装を！**
  磯歩きにビーチサンダルは禁物、運動靴がよい。転んだ時、フジツボやカキで大ケガをすることもあるので手袋をする
- **冬は防寒、夏は熱中症対策**
  冬は暖かい服装、夏は帽子と飲料水の準備

危険な貝

イモガイの仲間のアンボイナ、タガヤサンミナシ、ニシキミナシなどは、毒矢を放って魚などを捕らえる習性があります。美しい貝なので、素手でさわったために死亡した例もあります。

これらは、本州の南部以南で見られる危険な貝です。

アンボイナ

磯の危険な生物

アンドンクラゲ

全長は6～8cm、毒が強いうえ、
体が透明で見えにくいため、
海水浴客を悩ませます。

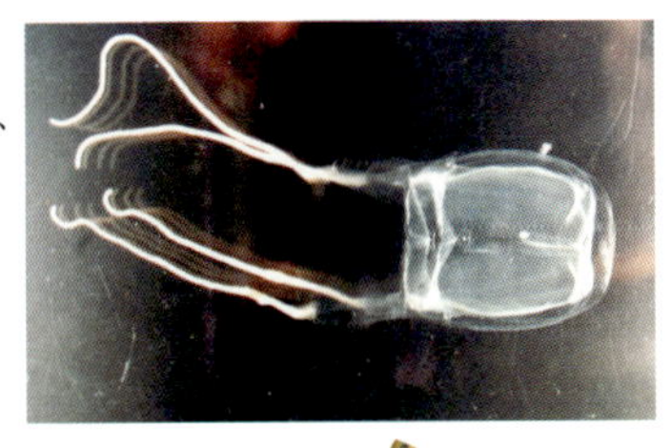

ガンガゼ

殻径は5～8cmで、
棘の長さは20cm近くなる
ウニの一種。棘は折れやすく、
刺さると激痛におそわれます。

ヒョウモンダコ

全長10cm前後の
小型のタコで、猛毒をもち、
かまれると致命傷になります。

ゴンズイ

昼間は暗い岩の間に隠れています。
背びれと胸びれに毒の棘があり、
刺されるとハオコゼより激しく痛みます。

ハオコゼ

磯の潮だまりなどでよく見られる
5cm程度の魚類。
背びれに毒をもちます。

海岸に打ち上がる危険な生物

カツオノエボシ

ぞくに電気クラゲと呼ばれ、
触手には強い毒があります。
海が荒れた後によく打ち上がります。

アカエイ

海岸に死がいが打ち上がります。
尾に毒をもつ1本の棘があります。
またゴンズイもよく打ち上がるので、注意を要します。

貝の観察、収集方法

観察、収集のマナー

貝の収集となると、誰でもむやみに採りすぎる傾向があります。生息している貝類のことを考えて収集しましょう。貝の観察だけなら、写真を撮るようにし、撮影した貝は海に返しましょう。収集する場合は、数を必要最低限におさえましょう。産卵している時には、収集をひかえることも必要です。

また、収集の時は石やサンゴを壊さないこと、石の裏表で生物はすみ分けしているので、おこした石はもとどおりに戻すことなどは大切なマナーです。

準備するもの

バケツ
観察、収集するために
採った貝を入れます

ピンセット
岩の割れ目などにいる貝や、
ヒトデなどに寄生している
小型の貝をつかむために
使います

ルーペ
小型の貝を観察する時に
使います

箱めがね
海にもぐらないで
水中をのぞく時に使います

イソガネ
岩に付着した貝を
はがす時に使います
共同漁業権[▷144ページ]が
設置されている所では、
密漁に使うとみなされる
こともあるので注意

スコップ・熊手
砂の中にいる貝を
観察したり、収集したり
するために使います

プラスチック容器
収集した貝を
もち帰るための容器。
磯では転んだりすることが
あるので、
ガラス容器は禁物です

ポケット図鑑
見つけた貝が何の種類か、
現地で調べるのに使います

カメラ
現地で貝の生態を
撮ったり、地形や景観など
を記録に残したりするのに
必要です

メモ帳
観察してわかったことや
海の状況など、
さまざまなことを記録する
ために必要です

救急用具
磯ではケガをすることも
あるので、消毒薬や
絆創膏など外科用の
救急用具を準備して
おきましょう。有毒生物に
被害を受けた場合は、
最寄りの病院に行きましょう

△貝が打ち上がりやすいポケットビーチ

打ち上げられた貝▷

さまざまな観察、収集方法

貝の観察や収集方法はさまざまあります。ここでは主な方法を紹介します。

海岸に打ち上がった貝殻を拾う

まずは海岸で貝殻を拾うこと。これはもっとも簡単で効率のよい方法です。季節は、どちらかといえば冬場がよいでしょう。理由は海水温が下がり、貝が死ぬことが多いからです。その他に、台風や低気圧が通過した後は狙い目で、特に大型台風が通過した2〜3日後は、多くの貝が打ち上がることがあります。清掃がおこなわれている海岸もあるので、朝早く出かけるとよいでしょう。

採集する海岸は、どこでもよいというわけではありません。埋め立てられて岸壁になった所や、岩礁❖が切り立って、貝の寄るスペースがない海岸では、貝を拾うことができません。貝がよく打ち上がるのは、両脇に突き出た磯があって、その間が入り江になっているポケットビーチです。また、延々と続く砂浜では、河口周辺などに貝が寄る傾向があります。

❖岩礁…▷152ページ

大潮の時に磯や砂浜で観察、収集する

干満の差が大きい大潮の時に、磯や砂浜の潮間帯❖[1]で観察、収集する方法です。潮の引く時間は、「潮見表」や新聞であらかじめ調べておきます。例えば、干潮時間が11時とすると、これは潮の引くピーク時なので、11時に出かけてもすぐに潮が満ちてきます。少なくとも1時間以上前には、海に着いているようにしましょう。

潮が引いた磯では、岩の割れ目や石の裏などに生息する種類を探します。砂浜や干潟❖[2]では、潮干狩りのように熊手やスコップで砂や泥を掘って見つけます。

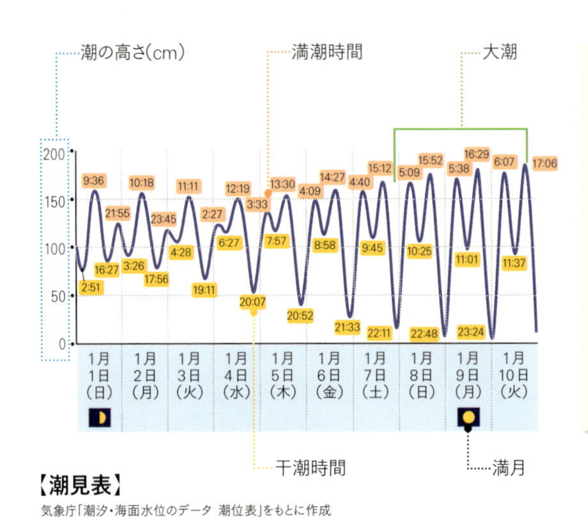

【潮見表】
気象庁「潮汐・海面水位のデータ 潮位表」をもとに作成

【コラム】

共同漁業権

漁業者は、生活のために地元の海で魚介類を守っています。そのための法律が共同漁業権で、日本の沿岸に設置されています。海域によって、対象となる魚介類は変わりますが、貝類では主にサザエ、アワビなどが対象となり、捕った場合は処罰されます。

スノーケリングやダイビングで観察、収集する

潮間帯より深い場所にいる貝類は、スノーケリングやダイビングをおこなって観察、収集します。岩礁では、岩の割れ目や石の裏などを見ます。砂地では、砂を手でかき分けてもぐっている貝を探します。けして無理はせず、大人や専門のインストラクターといっしょにおこないましょう。

漁港で収集する

漁業者はさまざまな魚網で漁をおこないます。底曳網(そこびきあみ)や底刺網(そこさしあみ)には、副産物として貝がかかることがありますが、商品価値のないものは捨てられます。これらを漁業者の了解を得てゆずってもらいます。漁港では、漁業者の仕事の邪魔にならないことが原則です。

漁網(底刺網)

交換する

貝を趣味にもつ人々が結成している貝類同好会などは、世界中にあります。これはインターネットで調べることができます。交換するには、相手に信用してもらえるように、貝類収集家との上手な交流が大切です。まずは、データがしっかりした交換用の貝を準備しておきましょう。交換は、世界中の貝が収集できる手段のひとつです。

市場や魚屋などで収集する

食用の貝が中心となりますが、市場や魚屋などで売っている貝類を購入して、手に入れる方法があります。食用にされる貝の種類は、場所によって異なり、ホラガイ、ヤコウガイ、テングガイなど、大型の貝が手に入る地方もあります。

また、自宅や旅行先で貝料理を食べる時に手に入れるという方法もあります。ちなみに、シラス料理が出た時は、ウキヅツやウキビシなど浮遊性の貝が混ざっていることもあるので注意してみましょう。

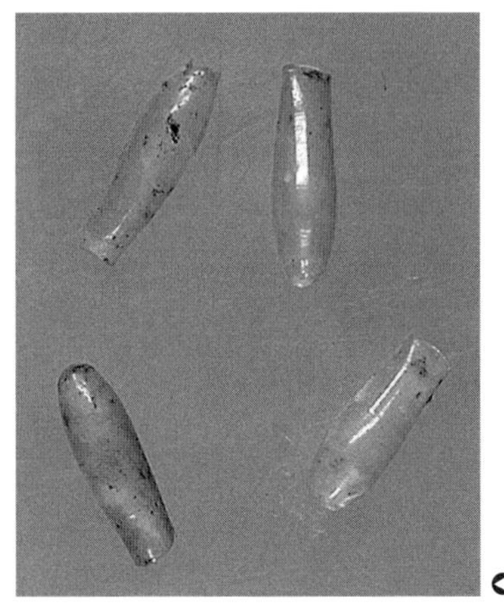

ウキヅツ

その他の収集方法

ドレッジによる採集:ドレッジ(海底にすむ生物を採集する道具)を用いる方法で、深海にすむ小型の貝類に有効です。公共の研究機関や大学などの調査でおこなわれています。

購入:貝類には国際的な価格があり、タカラガイなど高価な貝の標本をはじめ、多くの種類をあつかう標本商という業者があります。採集でも交換でも手に入れられない種類は、標本商から購入することで入手できます。

❖1|潮間帯…▶152ページ
❖2|干潟…▶152ページ

海岸で拾える貝

海岸に打ち上がる貝の特徴

海岸に打ち上がる貝のほとんどは、水深20mより浅い海に生息している種類です。大型台風の波でも、これより深い所までは影響しないのです。

海岸に打ち上がる貝は、もとの姿をとどめたものは少なく、摩耗していたり、穴があいていたりしています。質のよい標本を手に入れるには、回数を重ねて海岸へ出ることが重要です。

▲摩耗した貝

▲貝の破片

ハナマルユキの摩耗経過

海で波にもまれて
時間がたつ
(矢印をおう)ごとに
摩耗が進む

砂浜で拾える貝

海岸の地形によって、打ち上がる貝の種類は異なります。砂浜には、砂にもぐって生活する二枚貝が多くいるので、サクラガイ(▶91ページ)やクチベニガイ(▶97ページ)などが見られ、巻貝ではキサゴ(▶77ページ)やツメタガイ(▶78ページ)などが打ち上がります。

岩浜で拾える貝

岩浜には、岩礁に生息する貝が打ち上がります。巻貝ではタカラガイ類やトコブシ(▶47ページ)、バテイラ(▶48ページ)、カコボラ(▶61ページ)など、二枚貝ではオニアサリ(▶73ページ)、ウチムラサキ(▶73ページ)などが打ち上がります。

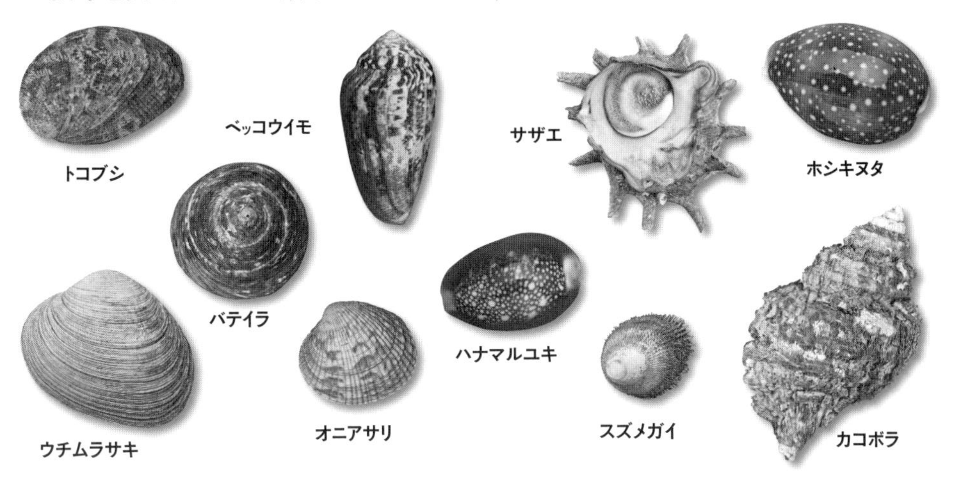

貝の標本づくり

標本のつくり方

1 海岸で拾った貝の処理

海岸で拾える貝は、基本的に殻だけなので、水道水でよく塩分を洗い流して干します。

2 生きたまま収集した貝の処理

磯などで生きたまま収集した貝は、沸とうした鍋の中でゆで、巻貝なら針などを使って中身を取り出します(肉抜きといいます)。この方法は、ニシキウズガイ類やカサガイ類、二枚貝に有効です。しかし、熱をとおすので貝殻に亀裂ができ、タカラガイなど光沢のあるものには不向きです。

▲水道水で洗って、日影で干す

殻にダメージを与えない肉抜きに、中身を腐らせてから取り出す方法がありますが、悪臭がただようので、まわりに迷惑をかけないように注意しましょう。

肉をとる段階で、蓋は別に残しておきます。

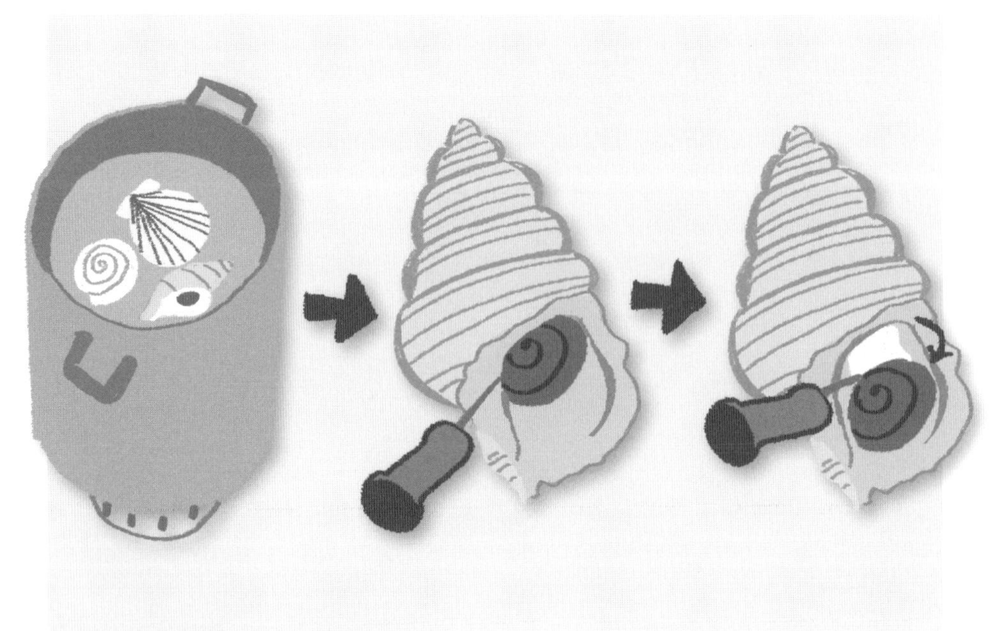

▲鍋でゆでた後、蓋をはずして中の肉を取る。
蓋や肉は針(大きな貝の場合はピックなど)を使って取る

3 貝のクリーニングなど

標本には蓋が重要です。肉抜きの時にはずした蓋は、一緒に保管するか、殻口に綿をつめてボンドなどで貼り付けます。

また、貝殻に付着物が多く付いている個体は、家庭用漂白剤を薄めた液に、半日から一日くらいつけ、とり出してから水に数時間つけます。こうすると付着物はとれやすくなります。次に日影干しをしてから、スケーラーなどを使って付着物を落とします。

本来の標本は採ったままの状態が好ましいので、標本にする貝は、付着物の少ない個体を選んで採集することが第一です。

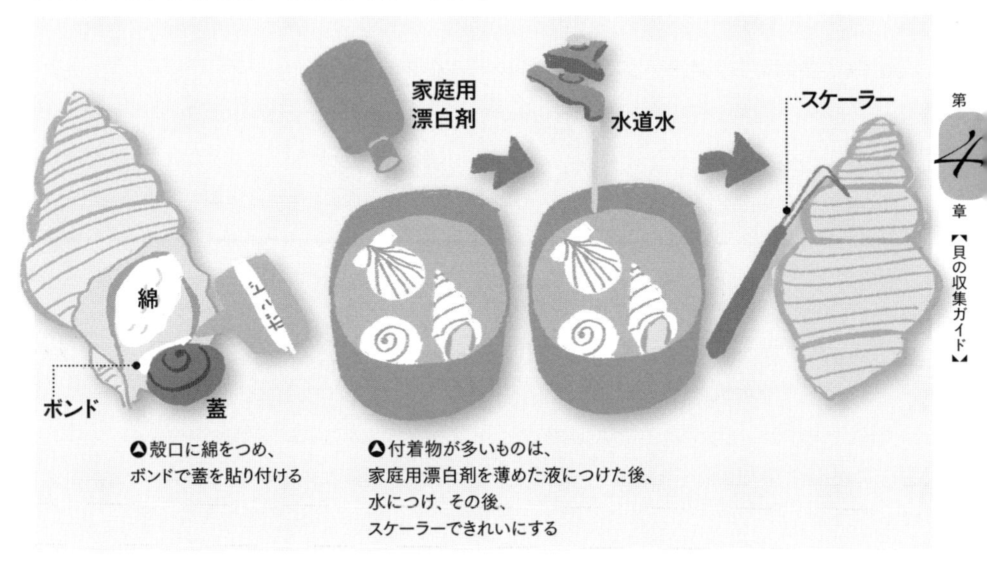

▲殻口に綿をつめ、ボンドで蓋を貼り付ける

▲付着物が多いものは、家庭用漂白剤を薄めた液につけた後、水につけ、その後、スケーラーできれいにする

4 同定する

採集した貝の同定をおこないます。同定とは、貝の種名を調べることです。まずは図鑑をよく調べて、絵合わせをします。図鑑でわからないものは、博物館などの専門家や、貝類収集家をたずねましょう。

5 標本ラベルを付ける

同定がすんだ後は、標本ラベルをつけます。ラベルには種名の他に、データとして採集地、採集日、採集者などを書き込みます。データのない標本は学術的価値が低くなります。

▼標本ラベル例

No. 73

種名 ナミガイ

採集地 相模湾　葉山一色海岸

採集日 2017.3.3　採集者 花丸由貴

標本のグレード

貝の標本の質がわかるように、グレード(等級)で分けた世界的な基準があります。日本流でいえば優・良・可のことです。貝類収集家と交換する時に便利です。

成貝(せいがい)で欠陥がなく、蓋がある特級の標本をGem(優)、やや劣るが標本としては良質の個体をF(良)、海岸で拾う程度の個体はG(可)というように分けられます。さらにF＋＋、F－、G＋など細かく表示することもあります。

貝の保管方法

貝を保管するには光にあてないことが大切です。貝は紫外線をあびると殻の色彩がぬけてしまいます。光を遮断するには、箱などに入れて暗い所で保管しましょう。

また、湿気対策も重要です。殻が湿気るとカビが発生し、殻の光沢が失われます。特にタカラガイは、カビによって光沢を失い、殻が白くなってしまいます。標本にする時、肉抜きを完全におこなわないとカビが出やすくなるので、肉抜きはしっかりやりましょう。湿気から貝を守るには、チャック付きビニール袋に入れたり、乾燥剤を使ったりし、湿気にくい場所に置きましょう。

▲湿気などから貝殻を守るためにビニール袋に入れる

また、タカラガイをはじめ、交換や購入した貝は、多くの人が素手でさわっているため、貝殻が汚れています。殻を常にアルコールなどでふいておくことも必要です。

バイン氏変質

木製の標本箱などからホルマリンや酢酸(さくさん)が発生し、これが空気中の水分を通して、貝を腐食させてしまうことがあります。これをバイン氏変質(しへんしつ)と呼びます。防ぐには、貝をビニール袋に入れ、通気性のよい所に標本箱を置くようにします。

貝にまつわるさまざまな問題

絶滅危惧種

海岸線の埋め立て、河川改修、道路設置、港湾設置などによる自然海岸の消滅、そこへ水質汚染が加わり、人為的環境変化は目立っています。特に顕著だったのは、高度成長期後。その後の下水道整備や環境基準の制定で、一頃より自然は回復したものの、豊穣の海だった昔のようには決して戻れません。

2001年の報告でも、相模湾のレッドデータ貝類は、消滅28種、消滅寸前39種、減少44種に及んでいます。消滅種はハマグリ(▶108ページ)、イセシラガイ(▶105ページ)、イタボガキ(▶104ページ)など、絶滅寸前はバイ(▶82ページ)、アリソガイ(▶90ページ)など、減少はヒメイトマキボラ(▶66ページ)、ベッコウイモ(▶67ページ)などです。

しかし最近、各地でバイが少しずつ増えてきました。今後は海流によって幼生が運ばれて、復活してくる貝も出ると思います。とはいえ、埋め立てなどによって消えた環境下にかつていた貝類の再生産は不可能です。

外来種

船で海外の貝類が日本の海に運ばれてきた際、日本に定着する貝もいます。いわゆる外来種です。1920年ごろには、ムールガイの名でおなじみのムラサキイガイ[ヨーロッパ原産](▶101ページ)、1968年にはシマメノウフネガイ[アメリカ西海岸原産](▶54ページ)、1972年にはコウロエンカワヒバリ[オーストラリア原産]が記録され、その後、繁殖しています。最近では、カナダからメキシコにかけて分布するホンビノスガイ(▶108ページ)が東京湾で繁殖し、食用にもされています。

貝をまくことによる弊害

潮干狩りを目的に、主催者が他の産地のアサリなどを海にまくことがあります。この時、まいた海に生息していない貝が混ざっていた場合、それが繁殖して生態系に悪影響をおよぼすことがあります。アサリ(▶108ページ)の天敵である巻貝のサキグロタマツメタは、中国や韓国からアサリに混ざって日本にもちこまれ、各地でアサリの被害が出ています。

【貝の生息する場所①】潮間帯の区分

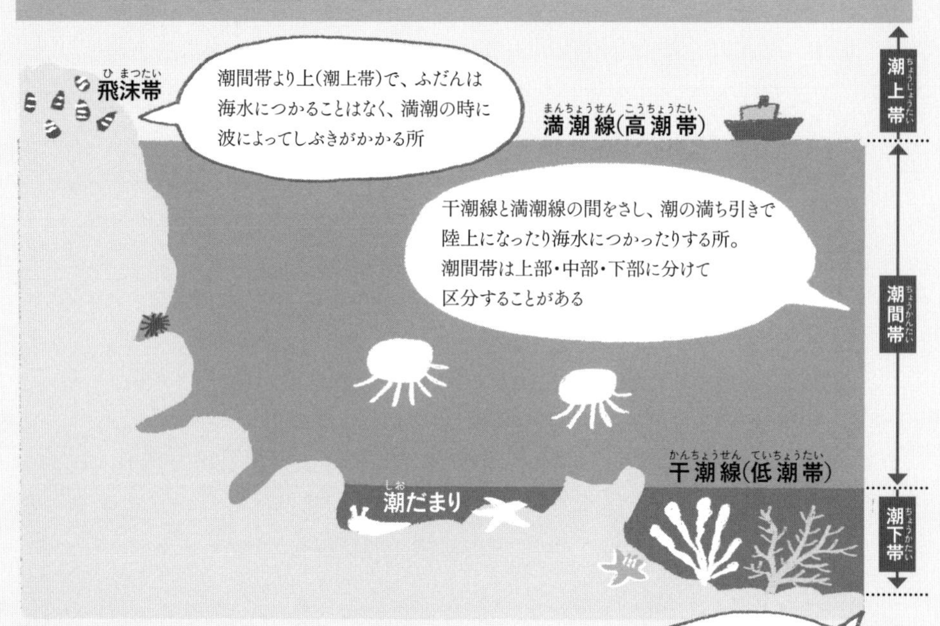

【貝の生息する場所②】海の地形

砂地……砂が集まっている所。砂のある海岸を砂浜という
砂泥地……砂と泥が混ざっている所
泥地……泥が集まっている所
砂礫地……砂と礫(砂よりも粒子が大きい)が混ざっている所
泥礫地……泥と礫が混ざっている所
砂泥礫地……砂と泥と礫が混ざっている所
貝殻質砂地……貝殻と砂が混ざっている所
貝殻質砂礫地……貝殻と砂と礫が混ざっている所
転石地帯……石ばかりがたくさん集まっている所
岩礁……岩場のこと。深い海の底にあるものや、潮の満ち引きで海水が出たり入ったりしている磯などをさす
岩礫地……礫が集まっている岩場
サンゴ礁……サンゴ類が育ち、つみ重なってできた地形
干潟……沿岸や河口で、潮が引いて泥地や砂泥地が現れる所
汽水域……淡水と海水が混ざった所。河口部や陸よりの干潟など

【コラム】

カニに切られた貝

貝を集めるもっとも容易い方法は、海岸で拾うことです。特に海が荒れた後や台風通過後を狙って浜に出れば収穫は多いはずです。本書の「ビーチコーミング」(▶37ページ)や「海岸で拾える貝」(▶146–147ページ)でも紹介しています。

▲カニに切られた貝

打ち上がった貝を見てみましょう。そのほとんどが壊れています。海底にあった貝は波に運ばれ、岩にぶつかり、砂に研磨されて浜に寄ります。この行程で浜に打ち上がるため、無傷の貝は少ないのです。

しかし、壊れた貝にもストーリが秘められています。じっくり見てみてください。どう見ても波によって壊れたとは思えない形をした貝があります。また、殻が綺麗に壊れ、芸術品のようになったものもあります。

実はこれ、カニによる仕業なのです。カラッパというカニの仲間が、貝の中身やヤドカリを捕食した痕跡です。カラッパ類の右側のハサミには缶切りのような突起があり、これを利用して貝を器用に切ります。また、岩礁に住むオウギガニ類にも同じ習性を持つ種類があり、「カニに切られた貝」を見る機会はそう稀なことではありません。

捨ててしまいそうな壊れた貝でも、よく観て考えれば、新たな興味が広がります。

トラフカラッパ▶

索引

ア

カ

サ

タ

ナ

ハ

マ

ヤ

ラ

ワ

貝を豊富に展示している施設

大島町貝の博物館「ぱれ・らめーる」
住所:〒100-0211　東京都大島町差木地字クダッチ　大島町勤労福祉会館内
電話:04992-4-0501

古宇利オーシャンタワー
住所:〒905-0406　沖縄県国頭郡今帰仁村字古宇利538番地
電話:0980-56-1616

真鶴町立遠藤貝類博物館
住所:〒259-0201　神奈川県足柄下郡真鶴町真鶴1175
電話:0465-68-2111

鳥羽水族館
住所:〒517-8517　三重県鳥羽市鳥羽3-3-6
電話:0599-25-2555

西宮市貝類館
住所:〒662-0934　兵庫県西宮市西宮浜4丁目13-4
電話:0798-33-4888

土佐清水市立貝類展示館　海のギャラリー
住所:〒787-0452　高知県土佐清水市竜串23-8
電話:0880-85-0137

ナゴパイナップルパーク　貝類展示館
住所:〒905-0005　沖縄県名護市為又1195
電話:0980-53-3659

あとがき

著者は神奈川の海をフィールドにして、半世紀以上にわたり貝類の調査研究を続けています。自宅から海まで徒歩1分という地の利から、これまで現場に通った回数は数千回になります。長年の活動で一番感じたことは、昔と今とでは自然環境が変わり、貝類相が大きく変化したことです。絶滅に危惧した種も多々あります。しかし、私が収集したコレクションには多くの消滅種、激減種とそれらのデータが残され、過去の環境を論じる重要な存在となっています。こういう状況下では、たとえ海岸で拾った貝殻でも貴重な意味を持ちます。

本書は2012年に発行された「貝の図鑑＆採集ガイド」をリニューアルしたものです。貝類の自然美を伝え、興味を持っていただこうと、わかりやすく図示解説しています。本書を機に、皆様には貝を求めて海へ出かけてくださることを願っています。

なお、本書の発行には「株式会社実業之日本社」にお世話になり、「ジーグレイプ株式会社」の安永敏史様、青木紀子様には編集のお力添えを受けました。ここに厚くお礼を申し上げます。

池田 等

執筆
池田 等

編集協力
ジーグレイプ株式会社

デザイン、DTP
桜井雄一郎

デザイン、DTP協力
大河原 哲

撮影
石原敦志(第3章貝の標本[ヒザラガイ、ケハダヒザラガイ、サメダカラ、ナツメガイ、シオサザナミ、サビシラトリ、シャジク、ハリナガリンボウは除く])

貝標本提供
池田 等

イラスト
かたおか朋子

装丁
柿沼みさと

写真協力
池田 等(ミドリシャミセンガイ、カメホオズキチョウチン、イガグリガイ、カンザシゴカイの一種、オオシャコガイ、アラフラオオニシ、ハツユキダカラ、ヤクシマダカラ、マダカアワビ、ウミウサギガイ、貝貨幣、チョウセンハマグリと碁石、サラサバテイと貝ボタン、ホラガイ、スイジガイ、貝輪、ハチジョウダカラ、貝覆い、ウミホオズキ、シンセイダカラ、ウミノサカエイモ、テラマチダカラ、ブランデーガイ、貝でつくったハリネズミ、貝のペンダント、ケハダヒザラガイ、サメダカラ、ナツメガイ、シオサザナミ、サビシラトリ、シャジク、ハリナガリンボウ、ルリガイ、アンボイナ、アンドンクラゲ、カツオノエボシ、海岸と貝、底刺網、ウキヅツ、摩耗した貝、貝の破片、ハナマルユキ、標本棚、ビニール袋に入った標本)、フォトライブラリー(カメノテ、イワフジツボ、カタツムリ、シジミ、ヒザラガイ、カメオ、真珠、アワビ、ホタテ、サザエ、岩礁、ヒザラガイ、砂浜、干潟、海中、ガンガゼ、ヒョウモンダコ、ハオコゼ、ゴンズイ、アカエイ)、PPS通信社(アイスランドガイ)、嵯峨螺鈿、野村(螺鈿)、稲岡染色店(貝紫)、千葉市立加曽利貝塚博物館(加曽利貝塚)、ペイレスイメージズ

資料提供
大坂友子(貝でつくったハリネズミ)、片山 昭(貝のペンダント)

主な参考文献
『軟体動物学概説(上巻)』波部忠重、奥谷喬司、西脇三郎編(サイエンティスト社)、『軟体動物学概説(下巻)』波部忠重、奥谷喬司、西脇三郎編(サイエンティスト社)、『ビーチコーミング学』池田 等(東京書籍)、『海辺で拾える貝ハンドブック』池田 等(文一総合出版)、『タカラガイブック』池田 等、淤見慶宏(東京書籍)、『相模湾レッドデータ貝類』池田 等、倉持卓司、渡辺政美(葉山しおさい博物館)、『貝の図鑑 採集と標本の作り方』行田義三(南方新社)、『日本近海産貝類図鑑』奥谷喬司編(東海大学出版会)、『貝の考古学』忍澤成視(同成社)、『原色図鑑 世界の貝』 鹿間時夫、堀越増興(北隆館)

【著者紹介】

池田 等
イケダ・ヒトシ

神奈川県生まれ。
「貝千種　池田屋」館長、元 葉山しおさい博物館館長。
専門分野は海洋生物学(特に貝類・甲殻類の分類、生態)。
日本貝類学会会員で貝の収集暦は50年。
著書に『タカラガイブック』(東京書籍)、
『海辺で拾える貝ハンドブック』(文一総合出版)、
『浜辺のコレクション』(フレーベル館)、
『ビーチコーミング学』(東京書籍)などがある。

大人のフィールド図鑑
原寸でたのしむ 美しい貝 図鑑&採集ガイド

2017年3月13日　初版第1刷発行
2024年4月15日　初版第3刷発行

著者……池田 等
発行者……岩野裕一

発行所……株式会社 実業之日本社
〒107-0062 東京都港区南青山6-6-22 emergence 2
電話(編集) 03-6809-0452
　　(販売) 03-6809-0495
https://www.j-n.co.jp/

印刷所・製本所……大日本印刷 株式会社

ISBN 978-4-408-45629-4 (第一趣味)